L'IMPOSTURE DU BIG BANG

Salomon Borensztejn

L'IMPOSTURE DU BIG BANG
DOGME OU LEURRE ?
un dogme aux pieds d'argile

UNE ALTERNATIVE : le modèle temporaliste

Un modèle probabiliste de l'univers

© 2010 Salomon Borensztejn
Edition : Books on Demand GmbH, 12/14 rond-point des Champs Elysées,
75008 Paris, France
Imprimé par : Books on Demand GmbH, Norderstedt, Allemagne
ISBN 978-2-8106-1141-6
Dépôt légal : septembre 2010

L'IMPOSTURE DU BIG BANG

Une alternative : le modèle temporaliste

http://site.voila.fr/nobigbang

Un modèle probabiliste de l'univers

Salomon Borensztejn

TABLE DES MATIERES

Préface p. 7

PREMIERE PARTIE

Introduction

Chapitre I : Connaître et comprendre l'univers p. 12

DEUXIEME PARTIE

Chapitre II : La méthodologie p. 16

Proposition de concepts ananthropiques

1) Spéculation ou esprit critique
2) Concepts scientifiques ananthropiques
3) Analyse critique et ananthropique des multivers

Chapitre III : Concepts anthropiques et ananthropiques p. 23

   a) Le concept physique d'espace

   b) Le concept physique de temps

   c) LE CONCEPT INUTILE DE TEMPS

   d) Le concept physique de vitesse limite c

   e) Le paradoxe EPR (Einstein, Podolsky, Rosen - 1935)

   f) Le concept physique du Principe de conservation de l'énergie

   g) Le concept de finalité

h) Le concept d'optimisation

i) Le Second Principe de la Thermodynamique

TROISIEME PARTIE

Le hasard organisateur de l'univers

Chapitre IV : Un modèle probabiliste ananthropique de l'univers   p. 45

Chapitre V : Preuves et arguments du modèle probabiliste ananthropique de l'univers   p. 52

Chapitre VI : Conclusions   p. 60

QUATRIEME PARTIE

Le modèle standard du Big Bang

Chapitre VII : Les décalages spectraux et le modèle standard du Big Bang - La prédiction théorique de la constante Ho de Hubble   p. 65

1) Le concept physique d'espace et l'expansion

2) Le concept physique de temps

3) Le décalage spectral z et la prédiction théorique de la constante Ho de Hubble

Chapitre VIII : Conséquences et faiblesses de l'interprétation spatiale des décalages spectraux   p. 74

Les trois piliers du modèle standard du Big Bang :

<u>1) Les décalages spectraux</u>

<u>2) Le fond diffus cosmologique</u>

<u>3) La nucléosynthèse primordiale</u>

<u>Les théories inflationnaires</u>

<u>L'origine du Big Bang</u>

<u>L'accélération de l'expansion – L'énergie noire</u>

<u>Problèmes divers</u> : Le problème de l'horizon

Le problème de la platitude et de la densité critique

Le problème de la singularité

Le problème de l'univers homogène et isotrope

<u>La constante de Hubble Ho – L'âge de l'univers to</u>

Chapitre IX : L'évolution des galaxies - Les grandes structures de l'univers   p. 103

Chapitre X : La masse noire – L'effet PIONEER – La théorie MOND - L'effet CASIMIR   p. 109

CINQUIEME PARTIE

Une alternative au modèle du Big Bang

Chapitre XI : Le modèle temporaliste – Le concept de temps et la constante To – L'hypothèse temporaliste – A la recherche de la constante To – Le ratio c / G – G' constante quantique : 4 effets quantiques   p. 116

Chapitre XII : La gravitation temporaliste - La relativité générale et la gravitation temporaliste - Masses et rayon de gravitation   p. 123

SIXIEME PARTIE

Conclusions générales

Chapitre XIII : Résumé des critiques du modèle standard du Big Bang

p. 139

L'IMPOSTURE DU BIG BANG

SEPTIEME PARTIE

Comparaison entre le modèle du Big Bang et le modèle temporaliste.

Chapitre XIV : Comparaison - Conclusion - Tests   p. 157

HUITIEME PARTIE

Chapitre XV　　　　　　　　　　　　　　　　　　　　p. 194

CALCULS

Préface

Il ne suffit pas de proclamer l'imposture cosmologique du Big Bang, Il faut en apporter les preuves. Nous ne mettons pas ici en cause l'honnêteté ou la compétence d'innombrables chercheurs qui, depuis de longues années, se consacrent à l'étude du modèle standard du Big Bang. Ce que nous souhaitons mettre en exergue, c'est la dérive considérable et inacceptable que les recherches, dans le domaine de la cosmologie, ont provoquée. L'absence de validation des hypothèses proposées, les spéculations gratuites, l'indifférence ou le mépris pour des critères scientifiques rigoureux comme la «falsifiabilité» de Popper ou les « faits observables » (Les fondements de la théorie de la relativité générale – 1916 - Einstein) ont conduit la cosmologie dans une impasse. C'est ce que nous proposons d'établir dans ce travail.

Le Big Bang, le modèle standard de la cosmologie moderne, découle historiquement de l'interprétation par Hubble des décalages spectraux des galaxies lointaines. Interprétés en récession des galaxies, ces décalages spectraux ont engendré les concepts d'expansion de l'univers, d'explosion primordiale et d'origine de l'univers. Les astrophysiciens et cosmologistes, expérimentateurs et théoriciens, ont recherché les preuves de ce modèle. Les décalages spectraux, la nucléosynthèse primordiale et le fond diffus cosmologique sont devenus les piliers du modèle. Puis les théories de l'inflation ont tenté de pallier aux graves problèmes qui se posaient au modèle standard du Big Bang.

En l'absence d'alternative crédible au modèle du Big Bang, celui-ci tient le haut du pavé. Il souffre, néanmoins, comme nous allons le montrer dans les chapitres suivants, de nombreuses et graves discordances observationnelles et théoriques. Il repose, en réalité, totalement, sur une base fragile, l'interprétation du fait des décalages spectraux en récession des galaxies. Le modèle temporaliste propose une interprétation différente des décalages spectraux, qui fait disparaître la majeure partie des difficultés du modèle du Big Bang

Le modèle standard de la cosmologie moderne, le modèle du Big Bang, qui recueille le consensus d'une majorité de chercheurs, repose sur un certain nombre d'arguments et de "preuves". Un certain nombre de chercheurs, irréductibles, conteste la validité de ce modèle mais aucun modèle concurrent n'apporte, à l'heure actuelle, d'alternative crédible au Big Bang (univers stationnaire de Fred Hoyle, lumière fatiguée, univers symétrique, masse variable d'Halton Arp 1999, etc..).

Malgré sa solidité apparente, le modèle du Big Bang souffre de grandes faiblesses inhérentes à la fois à son élaboration et à ses conséquences. Les partisans du Big Bang mettent naturellement l'accent sur ses forces, ses détracteurs sur ses faiblesses.

En 1962, l'auteur, insatisfait du modèle du Big Bang, se livra à une analyse critique des fondements de ce modèle et aboutit à une interprétation alternative plus satisfaisante, à ses yeux, des faits connus. Cette recherche le mena à une conception nouvelle de l' "âge" de l'univers et à la découverte d'un paramètre qu'il intitula constante temporaliste To, d'une valeur de 4,5546 10^{17} secondes, soit environ 14,43 milliards d'années. Cette constante le conduisit à la valeur de l'effet temporaliste ou "effet de fuite" à 1 Mpc = 67,71 Km/sec/Mpc et celle de Ho = 1 / To soit 1 / 4,5546 10.17 sec (environ 14,43 milliards d'années). Ces valeurs ont été établies théoriquement par l'auteur en 1962.

Les toutes dernières données fournies par WMAP 5 (Table 7 – Cosmological Parameter Summary – 2008) indiquent Ho = 71,9 (+ 2,6 – 2,7) km/s/Mpc et to = 13,69 (+- 0,13) milliards d'années.

Comparons la valeur observationnelle et la valeur théorique de Ho : 69,2 Km/sec/Mpc (71,9 – 2,7) pour la première et 67,71 Km/sec/Mpc pour la seconde, soit un écart de 2,16 %. Cet écart est négligeable si l'on considère la marge d'incertitude des données de WMAP 5 : de 3,2 % (+2,6) à 3,75 % (-2,7). Ajoutons que la valeur de Ho fournie par WMAP 5 intervient après 80 années de recherches et de rectifications et dont 69,2 Km/sec/Mpc est la mouture la plus récente mais sûrement pas la dernière alors que la valeur théorique proposée par l'auteur dès 1962 n'a plus jamais bougé. La valeur de la constante de Hubble Ho fournie par la NASA est le résultat de très nombreuses observations cosmologiques et du travail acharné d' une multitude de chercheurs mais, en raison même de la nature des observations, la précision des résultats ne peut être que relative (comme par exemple la distance des corps célestes lointains, galaxies ou amas de galaxies) alors que la valeur de la constante Ho, établie théoriquement et proposée par l'auteur est très précise car elle est fondée sur la précision des constantes universelles et/ou quantiques qu'il utilise (c, G, h, e).

De la loi de Hubble v = Ho x d où v = vitesse de récession en km/sec/Mpc, Ho = constante de Hubble en   km/sec/Mpc et d = distance en Mpc, on tire Ho = v / d = 69,2 km/sec / 3,084 10^{19} km (3,15576 10^7 sec x 10^6 x 3,26 x 2,997925 10.5 Km/sec) = 2,243 10^-18 sec. Si l'univers a une très basse densité de matière, ce qui est le cas, l'âge de l'univers est égal à 1/Ho soit to = 1 / 2,243 10^18 sec = 4,458 10^17 sec. soit environ 14,12 milliards d'années. Les écarts avec les valeurs obtenues par l'auteur sont, comme pour les valeurs de Ho, de l'ordre de 2,15 % (Ho = 67,71 Km/sec/Mpc et To = 4,5546 10^17 sec), c'est-à-dire dans la fourchette des incertitudes.

Si la valeur de cet "âge" de l'univers est proche maintenant de la valeur de la constante temporaliste To, sa signification, pour les cosmologistes, est tout à fait différente.

Les circonstances de la vie ont fait que l'auteur a dû abandonner ses recherches pendant près de 40 ans. Il les a reprises en 2001. Il propose aujourd'hui le modèle temporaliste qui est une alternative au modèle du Big Bang.

Un résumé, aussi bref que possible, du modèle du Big Bang, est présenté, avec les concepts, les présupposés, les forces et les faiblesses du modèle. L'absence d'alternative au modèle standard de la cosmologie en a fait, par défaut, quasiment un dogme.

Parallèlement, le modèle temporaliste est exposé, avec ses concepts, ses fondements, ses multiples conséquences, quantiques et macroscopiques : charge électrique, constante de structure fine, décalage spectral, gravitation et grandes structures de l'univers, etc... et ses tests. L'auteur s'est efforcé de bannir toute spéculation arbitraire et invérifiable, non « falsifiable », conformément aux préceptes de Popper (1934). L'auteur considère, à tort ou à raison, qu'un modèle ou une théorie, basé sur des prémisses invérifiables et qui échafaude à partir de là des hypothèses largement spéculatives, ne peut prétendre au rang de modèle scientifique valide, car dénué de la rigueur nécessaire à cette qualification.

Contrairement aux affirmations des partisans du modèle standard du Big Bang, ce modèle ne recueille pas un consensus général de la part des chercheurs. La preuve en est la « Lettre ouverte à la Communauté Scientifique » (cosmologystatement.org) publiée dans le New Scientist le 22 Mai 2004. Cette Lettre Ouverte a été approuvée par 510 chercheurs et scientifiques d'universités du monde entier, dont de nombreux acteurs réputés de la recherche scientifique. Le texte de cette lettre est très sévère pour le modèle standard du Big Bang. Il met l'accent sur les soi-disant preuves du Big Bang (inflation, matière noire, énergie noire, etc....) qui apparaissent biaisées avec l'utilisation de paramètres ajustables. Sans ces phénomènes purement hypothétiques, il y aurait une contradiction fatale entre les observations des astrophysiciens et les prédictions de la théorie du

Big Bang. De plus, selon cette Lettre, la théorie du Big Bang ne peut se prévaloir de prédictions quantitatives validées par des observations. Les succès proclamés par ses partisans consistent, en fait, à accorder des observations rétrospectives avec des paramètres ajustables. Ce modèle est comparable au modèle ptoléméen qui palliait aux difficultés de la théorie en multipliant les couches d'épicycles.

Ci-dessous, voici un extrait de cette Lettre Ouverte :

"Even observations are now interpreted through this biased filter, judged right or wrong depending on whether or not they support the Big Bang. So discordant data on red shifts, lithium and helium abundances, and galaxy distribution, among other topics, are ignored or ridiculed. This reflects a growing dogmatic mindset that is alien to the spirit of free scientific inquiry".

"Même des observations sont interprétées maintenant à travers ce filtre biaisé, jugées exactes ou erronées selon qu'elle soutiennent ou critiquent le Big Bang. Ainsi des données discordantes sur les décalages spectraux, les abondances du lithium et de l'hélium, la distribution galactique, parmi d'autres sujets, sont ignorées ou ridiculisées. Ceci reflète un esprit dogmatique grandissant qui est étranger à l'esprit d'une recherche scientifique libre».

La véhémence et la conviction profonde qui animent plusieurs centaines de scientifiques contre la domination dogmatique du modèle standard du Big Bang et les pratiques hégémoniques de ses supporters attestent de l'imposture cosmologique du Big Bang. L'absence d'esprit critique et la violation de principes scientifiques séculaires au profit d'hypothèses hasardeuses, sans validation expérimentale ou observationnelle (inflation exponentielle injustifiable, homogénéité et isotropie de l'espace contredites par les observations, petites, grandes structures, murs, vides immenses, etc…) fragilisent le modèle standard de la cosmologie

Bien que Richard Feynman ait pu dire que « science is the culture of doubt », aujourd'hui, en cosmologie, le doute et les opinions divergentes ne sont pas tolérées et les jeunes chercheurs apprennent à garder le silence s'ils ont quoi que ce soit de négatif à dire vis-à-vis du modèle standard du Big Bang.

Le modèle standard du Big Bang peut être résumé en quelques lignes.

Il y a 13,7 milliards d'années, l'univers est né d'une violente explosion d'une singularité. L'univers primordial était à une très haute température, supérieure à 10^{32} degrés Kelvin. A 1/100 de seconde, l'univers, à très haute densité et très haute température ($10^{\wedge}11$ degrés Kelvin), était constitué d'une soupe indifférenciée de matière et de lumière (photons, électrons et positons, neutrinos et antineutrinos, protons et neutrons), dominée par les radiations. Puis, la température décrut très rapidement avec l'expansion de l'univers (Weinberg 1980).

Au bout de 3 minutes et 45 secondes, la température étant devenue suffisamment basse, purent se constituer les noyaux de deutérium puis d'hélium. Au bout de 700.000 ans, la température étant tombée à plusieurs milliers de degrés Kelvin, purent se former les premiers atomes d'hydrogène et d'éléments légers (deutérium 2H, hélium 3H, hélium 4H, lithium 7Li).

L'expansion se poursuivant, les galaxies et les étoiles apparurent puis les grandes structures de l'univers (amas de galaxies, superamas de galaxies, grands murs, grands vides, etc..). Les éléments chimiques plus lourds prirent ensuite naissance dans les étoiles.

Les théories inflationnaires, élaborées pour résoudre un certain nombre de problèmes graves posés par le modèle du Big Bang, en sont un prolongement mais en sont indépendantes.

Le modèle standard du Big Bang repose sur un certain nombre de principes, de faits, d'hypothèses, de présupposés, de conséquences et d'interprétations, que nous pouvons énumérer et dont nous allons analyser la plupart : les décalages spectraux des galaxies lointaines et la constante Ho de Hubble; l'expansion de l'univers; la relativité générale et le principe cosmologique; les théories de l'inflation; le fond diffus cosmologique; la nucléosynthèse primordiale et le ratio baryons/photons au début du Big Bang; l'âge de l'univers; les grandes structures de l'univers; la densité critique et la forme géométrique de l'univers. On peut y ajouter les problèmes de la masse noire, de l'énergie noire et de la quintessence.

L'analyse critique du modèle standard cosmologique du Big Bang requière, au préalable, un éclaircissement des concepts qui sous-tendent ce modèle, comme l'ensemble des modèles scientifiques, aussi bien dans le domaine de la cosmologie et des sciences physiques que dans celui des sciences de la vie. La réflexion profonde d'Einstein : "Il est incompréhensible que l'univers soit compréhensible " nous servira d'introduction.

PREMIERE PARTIE

Introduction

Chapitre I

Connaître et comprendre l'univers :

Selon Einstein, " Il est incompréhensible que l'univers soit compréhensible ".

Quelle signification peut-on attribuer à cette réflexion d'un des fondateurs de la physique moderne ?

Que la nature soit soumise à des lois que l'intelligence humaine a réussi à décrypter relèverait de l'incompréhensible. Les chercheurs, théoriciens et/ou expérimentateurs, ont réussi en 2 ou 3 millénaires à élaborer des théories, à base de faits et de concepts, qui rendent compte d'innombrables phénomènes physiques et biologiques (gravitation, cosmologie, biologie, génétique, évolution biologique, etc...) et permettent, souvent, de prévoir, qualitativement et quantitativement, d'autres phénomènes.

D'où viennent ces lois et ces théories alors qu'on pourrait supposer que la structure et le fonctionnement de la nature relèvent du chaos ?

La nature serait-elle rationnelle, ordonnée, cartésienne ?

La formulation même de cette affirmation ou supposition relève, selon nous, d'une conception parfaitement anthropocentrique ou anthropique de la nature, de même que l'était la conception géocentrique de la cosmologie ptoléméenne. Nous proposons, pour tenter de comprendre l'univers, le rejet de toute attitude anthropique vis-à-vis de la nature. Ce renversement de l'attitude anthropique en vigueur dans la recherche scientifique nous semble incontournable si nous voulons prétendre " comprendre " l'univers. Ce n'est pas une tâche aisée car elle s'oppose à une attitude plurimillénaire des terriens et à l'inclination naturelle du sens commun. Nous analyserons, dans le chapitre suivant, un certain nombre de concepts scientifiques majeurs et nous en proposerons une interprétation ananthropique (c'est-à-dire indemne du biais d'une interprétation anthropique).

Qu'est-ce que comprendre l'univers ?

Selon les critères scientifiques, comprendre l'univers c'est trouver des lois de plus en plus générales qui régissent les phénomènes de l'univers, phénomènes physiques (avec leur expression mathématique) et phénomènes biologiques (structures, origine et évolution de la vie).

a) Comprendre dans les sciences physiques (physique, chimie, astrophysique, gravitation, cosmologie, etc…), c'est réunir dans des théories, selon des lois et des modèles, le plus souvent mathématiques, des concepts et des phénomènes. Les concepts et les théories sont, souvent, illogiques ou incompréhensibles : la gravitation newtonienne (action à distance instantanée), la gravitation einsteinienne et la courbure de l'espace-temps par la matière-énergie (comment peut-on courber un espace physique vide c'est-à-dire sans structure ?), la théorie quantique et l'énergie du vide (contradiction dans les termes), le Big Bang (création de l'univers ex- nihilo), etc. L'irrationalité des théories ou des concepts est écartée au profit de leur valeur opérationnelle et prédictive irrécusable.

Mais a-t-on ainsi compris l'univers ?

Dans le microcosme et le macrocosme, les modèles de cosmologie quantique pullulent : les univers multiples de Hugh Everett III (1957), les théories inflationnaires (Alan Guth 1981), l'Instanton de Hawking-Turok (1998), les théories de Pré-Big Bang (Gabriele Veneziano 1968 - 1991) et ekpyrotique (Neil Turok, Paul Steinhardt 2001). Ces modèles, hautement spéculatifs, tentent de crédibiliser un Big Bang largement anthropocentrique. Dans la théorie des supercordes, les différents modes de vibrations des supercordes, au niveau de la longueur de Planck l_p, dans un univers branaire à nombreuses dimensions dont un certain nombre de cachées, constituent les particules et les forces qui engendrent l'univers macroscopique (théories des cordes, théorie M, théorie de supergravité). La " Théorie de Tout " (T O E : Theory of Everything) se proclame l'explication ultime.

Ces différents modèles, validés ou pas, nous rendent-ils l'univers compréhensible ? S'ils peuvent apporter des éclaircissements sur la structure et le fonctionnement de notre univers physique, ils n'apportent aucune explication sur son origine éventuelle, sa raison d'être ou son explication. Ils laissent alors la place aux arguments métaphysiques ou religieux que la science ne peut que rejeter.

b) Comprendre, dans les sciences biologiques, c'est comprendre les structures, le fonctionnement, l'origine et l'évolution du vivant.

Les sciences biologiques étudient les structures des organismes vivants, leurs "organes" et leurs "fonctions", les cellules, procaryotes, archées et eucaryotes, les tissus, les organismes unicellulaires, pluricellulaires, les phylogénies, espèces, genres, ... embranchements. La spécialisation des recherches aboutit à de nombreux concepts et disciplines : biochimie, biologie cellulaire, biologie moléculaire, génétique, génome, protéome, biologie intégrative, etc.

Les sciences biologiques sont empreintes d'un esprit essentiellement finaliste. Les concepts d' "organes", de "fonctions", d' "avantages" (sélectifs), de « sélection naturelle », sont des concepts qui sous-tendent des finalités et des jugements de valeur. Parler des "fonctions" d'un tissu ou d'un ensemble de tissus (organe) et non de leurs « propriétés » est un raisonnement finaliste.

c) Cette attitude anthropomorphique est incapable de nous permettre de « comprendre » l'univers.

"En gros, le principe anthropique pose que nous voyons l'Univers tel qu'il est, en partie au moins, parce que nous existons" (L'univers dans une coquille de noix - Stephen Hawking - 2001). Le principe anthropique fort justifie l'existence de l'univers par celle de l'homme. La causalité est inversée. L'homme devient la cause, l'univers l'effet. Poursuivons le raisonnement anthropique. L'homme est un primate. L'origine des primates, il y a quelques dizaines de millions d'années, justifierait ainsi un "principe primatopique", bien avant l'apparition d'Homo sapiens sapiens !

d) <u>Conclusion</u> : Que ce soit dans les sciences physiques ou biologiques, une attitude anthropocentrique (anthropique), face aux phénomènes, finalité en biologie, origine, fin, raison d'être de l'univers en cosmologie, etc.. n'est pas en mesure de nous permettre de "comprendre" l'univers. L'anthropocentrisme, autrement dit le biais anthropique, a la même valeur pour "comprendre" l'univers que le géocentrisme en avait dans la compréhension de notre système solaire.

Notre analyse du biais anthropique de nombreux concepts de la science contemporaine va à l'encontre des modes de pensée actuels. L'esprit critique, fondement de la connaissance, fait place aujourd'hui à une spéculation sans frein qui ignore superbement les critères jugés obsolètes de « faits observables » (Einstein) et de « falsifiabilité » (Popper). Il est donc vraisemblable que cette analyse sera rejetée par la plupart des chercheurs. Ce qui n'entame en rien sa crédibilité. L'histoire des sciences nous enseigne que c'est là le destin habituel des idées qui s'opposent au consensus régnant. En tout état de cause, c'est l'avenir, plus ou moins lointain, des terriens, qui sera le véritable juge en la matière.

On ne peut contester la réalité de la majeure partie des faits concernant la théorie du Big Bang : décalage spectral des galaxies lointaines, fond diffus cosmologique, grandes structures cosmiques (superamas de galaxies, murs, grands vides), etc. Nous verrons que les faiblesses de la théorie du Big Bang résident essentiellement dans les <u>interprétations</u> de ces phénomènes, qui nous semblent arbitraires et non fondées. Nous proposons d'autres interprétations, avec, naturellement, leur validation, avec une alternative, le modèle temporaliste. Quant aux multiples spéculations, le plus souvent gratuites, invalidées et invalidables, comme les univers parallèles, les trous de ver, le Pré Big Bang, les instantons, les théories inflationnaires, la création ex nihilo de l'espace et du temps, la singularité, etc...., ce sont des concepts anthropiques qu'une démarche rigoureusement scientifique ne peut que rejeter. Elles violent les critères de faits observables (Einstein), de falsifiabilité (Popper) et de concepts ananthropiques.

La cosmologie actuelle repose, en grande partie, sur un glissement ou un amalgame entre des faits et leur interprétation. Ainsi, les décalages spectraux des galaxies lointaines sont considérés comme découlant de l'expansion de l'espace. Or, en réalité, nous ne constatons qu'un fait : les décalages spectraux. Nous ne constatons aucunement l'expansion de l'espace. Il ne s'agit que d'une interprétation, c'est-à-dire d'une hypothèse. Cette hypothèse, au demeurant, repose sur le concept d'espace, un concept confus. S'agit-il d'un espace mathématique ? Il ne peut pas, dans ce cas, être invalidé physiquement. Il lui suffit d'être cohérent. Mais alors, son interprétation physique n'a aucune validité. S'agit-il d'un espace physique vide ? Il s'agit alors d'un concept contradictoire c'est-à-dire anthropique : comment un vide physique, autrement dit dépourvu de toute propriété peut-il être en expansion ou éventuellement courbé ? Bien d'autres concepts du Big Bang ne résistent pas à une analyse critique rigoureuse. L'origine du Big Bang et la singularité qui en découle n'ont aucune cause connue. Ce ne sont que des hypothèses, non dépourvues de graves difficultés, comme le concept de singularité. Ces hypothèses sont issues d'interprétations hypothétiques et contestables de faits avérés comme les décalages spectraux des galaxies lointaines. Bien d'autres interprétations sont possibles et existent mais sont marginalisés par les partisans tout-puissants du Big Bang.

DEUXIEME PARTIE

Chapitre II La méthodologie

Propositions de concepts ananthropiques

<http://site.voila.fr/probability>

1) Spéculation ou esprit critique

Notre première proposition est en contradiction avec l'esprit de notre époque. L'imagination est une qualité nécessaire au chercheur, qui le conduit hors des sentiers battus et lui permet de proposer des solutions nouvelles aux problèmes nouveaux ou récurrents (Copernic, Galilée, Kepler, Newton puis Einstein; Planck; Lamarck puis Darwin; Mendel puis Crick et Watson, etc...). Mais l'imagination sans la rigueur de l'esprit critique ne peut mener la connaissance que vers des impasses. La « falsifiabilité » de Popper et les « faits observables » d'Einstein sont relégués aujourd'hui au rang de vieilles lunes.

Les modèles mathématiques et informatiques sophistiqués tiennent le haut du pavé. Ce qui semble le plus important, aujourd'hui, c'est plus leur cohérence interne que les critères démodés de Popper et d'Einstein. L'astrophysique et la cosmologie quantique actuelles sont hautement représentatives à cet égard : univers parallèles ou gémellaires inconnaissables, multivers (univers multiples), trous de ver distordant le temps, inflation exponentielle purement spéculative extrapolant arbitrairement les lois de la physique pour sauver le Big Bang, structure granulaire de l'espace, théories de Pré-Big Bang , théories de l'Instanton, de l'information, de la complexité, etc... qui permettent d'éviter la désastreuse singularité du Big Bang, création ex-nihilo de matière-énergie, etc... La spéculation se donne libre cours. La validation expérimentale ou observationnelle devient un épiphénomène facultatif. Les chercheurs rivalisent d'imagination, loin des contraintes médiocres de la réalité observable.

Nous proposons une mesure considérée aujourd'hui comme largement obsolète, mais qui demeure à la base même de la connaissance scientifique, le rejet de toute spéculation non vérifiable ou, en d'autres termes, qui viole les préceptes de Popper ou d'Einstein.

Les concepts anthropiques sous-tendent toutes les sciences biologiques. En raison même de leurs origines historiques, celles-ci sont empreintes d'un esprit essentiellement finaliste. Les concepts d' "organes", de "fonctions", d'" avantages" (sélectifs), de "sélection naturelle", sont des concepts qui sous-tendent des finalités et des jugements de valeur. Parle-t-on de la "fonction" des électrons dans un atome ? Non, mais de leurs « propriétés ». C'est une proposition neutre. Parler des "fonctions" d'un tissu ou d'un ensemble de tissus (organe) plutôt que de ses propriétés est une attitude purement anthropique. Le langage de la biologie est un langage finaliste et/ou utilitaire mais le concept d'utilité est étranger à la nature. Il est inadéquat de la doter d'un quelconque jugement de valeur. La finalité ou l'utilité biologique est donc un concept purement anthropique et non scientifique.

Cette attitude anthropique est incapable de nous permettre de comprendre l'univers où nous vivons. Le principe anthropique, appliqué aux sciences physiques, aux sciences de l'univers et aux sciences biologiques, est l'aboutissement naïf de cette attitude.

" En gros, le principe anthropique pose que nous voyons l'Univers tel qu'il est, en partie au moins, parce que nous existons " (L'univers dans une coquille de noix - Stephen Hawking - 2001). Le principe anthropique fort justifie l'existence de l'univers par celle de l'homme. La causalité est inversée. L'homme devient la cause, l'univers l'effet.

Le principe anthropique procède d'une posture essentiellement prétentieuse (et ridicule) des terriens. On estime qu'il existe, à l'heure actuelle, dans l'univers observable, environ 100 milliards de galaxies soit environ au moins 10^{22} étoiles avec une moyenne de 5 à 10 planètes gravitant autour de chacune d'elles. On voit l'importance dérisoire, dans notre univers, de notre minuscule planète : $1/10^{23}$!!

Nous allons examiner, tour à tour, les phénomènes principaux que la théorie du Big Bang revendique en tant que preuves (ses piliers). Nous verrons qu'il s'agit non de faits mais d'interprétations de faits, contestables tant théoriquement que factuellement. Nous indiquerons les alternatives que le modèle temporaliste propose, avec les validations à l'appui.

Nous nous efforcerons, dans cet ouvrage, d'éviter, autant que possible, les formulations mathématiques que nous n'utiliserons qu'en cas d'absolue nécessité. Les développements mathématiques des différents chapitres figurent dans la dernière partie de cet ouvrage.

2) Concepts scientifiques ananthropiques

Nous allons analyser, tour à tour, les concepts physiques ou biologiques d'espace, de temps, de vitesse limite, le paradoxe E.P.R., de principe de conservation de l'énergie, de finalité, d'optimisation et le Second Principe de la Thermodynamique.

Nous nous plaçons délibérément dans le cadre de la réalité physique ou biologique. Si les concepts mathématiques et les modèles informatiques sont de puissants outils pour la théorisation et la modélisation des phénomènes, il n'en demeure pas moins que des modèles mathématiques peuvent être cohérents tout en étant sans relation directe avec la réalité physique des phénomènes. Notre étude se bornera uniquement à l'analyse critique de ces concepts généraux en nous fondant essentiellement sur leur réalité physique et les faits observables.

Comment peut-on distinguer un concept ananthropique d'un concept anthropique ? Plusieurs critères nous semblent adéquats à cette distinction :

1) Un concept ananthropique doit être neutre ou objectif vis-à-vis de la nature. Autrement dit, il ne doit en aucun cas être subjectif ou exprimer un jugement de valeur. Ainsi, l'interprétation actuelle de la mécanique quantique qui lie étroitement l'observable à l'observateur ne peut revendiquer le statut ananthropique du fait de sa subjectivité. De même, en biologie, les concepts darwiniens d' "avantage" et de "sélection naturelle", qui impliquent un jugement de valeur et une finalité biologique doivent être considérés, à juste titre, comme des concepts anthropiques.

2) Un concept irrationnel ou spéculatif, élaboré aux dépens de l'esprit critique, doit être considéré comme anthropique. C'est le cas du concept d'inflation et des théories inflationnnaires en cosmologie, qui extrapolent ou violent, arbitrairement, les lois connues de la nature, sans validation observationnelle ou expérimentale. Leur seule justification est la création de modèles ad hoc permettant de pallier aux graves difficultés de la théorie du Big Bang. Il en est de même des concepts invérifiables de Pré Big Bang (Veneziano 1968-1991), des univers parallèles et multiples (Hugues Everett 1957)) ou des instantons imaginaires (Stephen Hawking - Turok 1998). D'autres théories, aussi spéculatives, comme la théorie ekpyrotique (Neil Turok, Paul Steinhardt 2001), tentent de crédibiliser un Big Bang largement anthropique.

3) Les concepts qui transgressent, sans véritable validation, ce qu'on peut nommer le Principe de Réalité, c'est-à-dire les faits et lois scientifiques validés, ne peuvent prétendre au statut ananthropique. Ils manquent de la « falsifiabilité » requise par ce statut. Il en est ainsi des concepts d'action instantanée, de vitesse supraluminique, de création ex- nihilo de matière ou d'énergie, etc.. On ne peut que les rejeter, si aucune observation ou expérimentation ne confirme leur validité.

4) Les concepts contradictoires ne peuvent naturellement pas accéder au statut ananthropique. Ainsi le concept de vide quantique <u>rempli</u> de fluctuations quantiques et de particules virtuelles ne peut être considéré comme ananthropique car contradictoire.

5) En dernière analyse, un concept ananthropique est un concept qui rejette l'être humain comme étalon d'un phénomène quelconque, physique ou biologique (avantage darwinien, optimisation physique du mouvement, de l'énergie ou de l'action, etc...).

3) Analyse critique et ananthropique des multivers

La cosmologie contemporaine fourmille de concepts, de modèles et de théories anthropiques. Un des concepts les plus spéculatifs est celui des univers parallèles ou des univers multiples qu'on désigne sous le nom de multivers.

On peut classer les innombrables modèles de multivers (Max Tegmark) entre 4 modèles principaux :

1) Le modèle le plus simple découle de l'application de la relativité générale à l'univers. Selon la théorie du Big Bang, en tenant compte de la vitesse limitée de la lumière et de l'expansion de l'univers depuis l'explosion primordiale, l'univers observable se situe actuellement à 46 années-lumière de la terre. Au-delà existent d'autres univers, innombrables, aux lois physiques semblables aux nôtres.

Critique :

L'existence de ces univers innombrables, au-delà de l'univers observable, constitue la simple affirmation d'une hypothèse, sans aucune preuve, ni même la possibilité de la valider. Elle est, à la fois, totalement anthropique et « infalsifiable ». Dans l'hypothèse d'un univers quasiment plat, dans le cadre de la relativité générale, au-delà de l'horizon observable, on peut simplement supposer que notre univers se poursuit, sans aucune solution de continuité ni possibilité de le vérifier. Il n'est, en aucun cas, question de multivers.

-:-:-:-:-:-:-:-:-:-:-

2) La théorie de l'inflation éternelle et du « multivers-bulle ». Cette théorie développée par Andreï Linde se fonde sur l'hypothèse de l'inflation que notre univers aurait connu 10^{-35} seconde après le Big Bang. Cette phase inflationnaire a duré 10-32 seconde pendant laquelle l'expansion de l'univers a été d'un facteur de l'ordre de 10^{50} puis le Big Bang a poursuivi son évolution. Alliée à la théorie des cordes, la théorie de l'inflation éternelle affirme que de multiples régions de l'espace seraient à l'origine d'une semblable inflation et engendreraient une infinité d' « univers-

bulles ». Le caractère éminemment spéculatif de cette théorie est admis par l'auteur.

Critique :

Cette théorie entièrement spéculative se fonde sur le concept d'inflation, lui-même très spéculatif, (voir « les théories inflationnaires » - Chapitre VIII) et la théorie des cordes qui, pour le moment, après plus de 20 ans de recherches, n'a obtenu aucun résultat factuel (Lee Smolin - 2008) et qu'un nombre impressionnant de théories, entre 10^{500} et 10^{1000} sont susceptibles d'expliquer. Cette théorie inflationnaire est le modèle le plus abouti du système ptoléméen qui accumule hypothèses sur hypothèses. Elle se résume à un concept strictement « anthropique » qu'aucun esprit scientifique rigoureux ne peut accepter.

- :- :- :- :- :- :- :- :- :- :-

3) Le modèle quantique de multivers ou univers parallèles de Hugh Everett (1957). Ce modèle applique au macrocosme, c'est-à-dire à l'infini, le principe de superposition des états quantiques. Il en déduit que tous les mondes coexistent, celui où nous sommes et ceux qui lui sont parallèles. La seule différence est que nous ne pouvons étudier et connaître que le monde où nous vivons.

Critique :

Le modèle de multivers de Hugh Everett repose sur le principe de superposition des états quantiques microscopiques, généralisé, sans aucune justification, au niveau macroscopique. La physique quantique, science du microcosme, ne l'a jamais prouvé ni donc autorisé.

Hugh Everett utilise un concept qui n'existe pas et qui est donc simplement iminaire. De surcroît, aucun moyen de prouver ou de « falsifier » sa théorie n'est possible. On transforme ainsi, de façon totalement arbitraire, notre univers macroscopique en un multivers « infalsifiable ». Le modèle de multivers de Hugh Everett est, également un modèle strictement « anthropique ».

-:-:-:-:-:-:-:-:-:-:-

4) L'hypothèse de la «sélection naturelle cosmologique» de Lee Smolin, issue de sa théorie de «gravitation quantique à boucles» propose un multivers inspiré de la sélection naturelle de Darwin. Selon ce modèle, un nouvel univers en expansion naît à l'intérieur des trous noirs et y reçoit des lois physiques presque identiques. Dans ce modèle, il n'y a pas de singularité au fond des trous noirs et la gravitation y devient répulsive. Ce « rebond » évolutif favorise la production de trous noirs c'est-à-dire la procréation d'un autre univers. A l'aide de ce processus, notre univers provoquerait 10^{18} enfants-univers.

Critique :

L'hypothèse de la «sélection naturelle cosmologique» n'échappe pas au reproche spéculatif adressé aux autres modèles. Le modèle de « sélection naturelle cosmologique » ne nous indique pas le processus de transmission des lois physiques ni comment ni pourquoi la gravité, à l'intérieur d'un trou noir, se transforme en expansion. Le corpus de la «sélection naturelle cosmologique» et de la création des multivers souffre des mêmes faiblesses que les autres modèles de multivers c'est-à-dire l'absence totale de preuves et la multiplication des hypothèses.

CONCLUSION :

1) Tous les modèles de multivers reposent sur une ou des hypothèses
2) Aucun modèle n'apporte de preuve de sa validité
3) Aucun modèle n'est « falsifiable », au sens de Popper
4) Aucun modèle ne propose de « faits observables », au sens d'Einstein
5) Aucun modèle ne respecte le caractère « ananthropique », au sens du modèle temporaliste.

En résumé, les différents modèles de multivers illustrent bien la dérive de la cosmologie depuis quelques décennies. L'aboutissement en est le

« dogme » du modèle du Big Bang. Les affirmations sont considérées, sans la moindre justification, soit comme des preuves, soit au minimum, comme des hypothèses prépondérantes (exemple : le fond diffus cosmologique affirmé comme « un rayonnement fossile » alors qu'il n'est que'une observation actuelle ; ou le concept d'inflation, hautement spéculatif, (« les théories inflationnaires » - Chapitre VIII). Aucune véritable preuve n'est apportée à l'origine du Big Bang, à l'explosion primordiale, qui viole les lois de la physique, à la création ex nihilo de la matière-énergie, de l'espace et du temps, etc…

Actuellement, les critères rigoureux de la physique classique (théorie quantique des champs, relativité générale) sont considérés par une grande partie des cosmologistes comme des contraintes. Ils s'en libèrent en acceptant que les spéculations les plus hardies et les plus hasardeuses aient droit de cité. Les plus grands noms de la cosmologie, de la physique ou des mathématiques adhèrent à ces nouveaux modes de recherches : Edward Witten, Stephen Hawking, Stephen Weinberg, etc…D'autres, beaucoup moins nombreux, s'y opposent (David Gross).

Des concepts scientifiques entièrement spéculatifs et revendiqués comme tels (Andreï Linde) peuvent être acceptés. Ils ressortent alors d'activités humaines différentes de la science. Ce sont des conceptions métaphysiques, des activités ludiques ou de la science-fiction. Ils n'ont strictement rien de commun avec la recherche de la vérité scientifique.

Chapitre III

Concepts anthropiques et ananthropiques

a) Le concept physique d'espace

L'espace aristotélicien ou newtonien est un cadre absolu où se produisent les phénomènes. Einstein a relativisé cet espace en l'intégrant à un univers quadri-dimensionnel, l'espace-temps (composé de trois coordonnées d'espace et une de temps) où se déroulent les évènements (Sur l'électrodynamique des corps en mouvement 1905). Le temps et l'espace, intimement mêlés, constituent des référentiels à partir desquels les phénomènes physiques sont étalonnés : quantité de mouvement, énergie, vitesse, etc.. Les lois physiques sont invariantes par changement de référentiel. En réalité, la Relativité Restreinte ne relativise pas l'espace mais les mesures spatiales de corps rigides situés dans l'espace, en fonction de leur situation de mouvement ou de repos. Elle relativise, de même, non pas le temps mais les mesures temporelles des horloges au repos ou en mouvement. La Relativité Restreinte découle du postulat de la constance de la vitesse de la lumière dans le vide.

En prolongeant sa démarche, Einstein géométrise les concepts de force et de gravitation en une trajectoire optimale (géodésique) décrite par une particule d'épreuve dans l'espace quadri-dimensionnel (l'espace-temps) courbé par la présence de matière-énergie (Les fondements de la théorie de la Relativité Générale 1916).

Si l'espace est courbé par la présence de la matière-énergie, c'est qu'il apparaît comme différent de celles-ci et comme un cadre où se produisent les évènements. Un espace ne contenant ni matière ni énergie est donc conçu comme un cadre vide. Comment peut-on concevoir la courbure physique (et non géométrique) d'un espace vide ? C'est-à-dire du néant. Le néant, par définition, ne peut être ni plat ni courbe. En réalité, dans la Relativité Générale, Einstein décrit et calcule la modification, la courbure des trajectoires euclidiennes d'une particule d'épreuve dans un espace contenant de la matière-énergie. Ce n'est pas l'espace vide qui est courbé. Cela est impossible par définition. Ce sont les trajectoires des corps dans un espace vide qui sont modifiées par la présence dans ce même espace vide de matière-énergie. L'espace physique vide c'est-à-dire le néant, c'est-à-dire le contenant, ne peut pas être affecté par une courbure sans contradiction dans les termes. Nous retrouvons le cadre aristotélicien de l'espace. La question qui se pose alors est la suivante : comment la matière-énergie, sans gravitation newtonienne, sans courbure de l'espace vide, peut-elle affecter, courber les trajectoires des particules d'épreuve ?

Nous avons tenté de fournir un élément de réponse à cette question dans le modèle de gravitation temporaliste que nous proposons (Voir < http://site.voila.fr/nobigbang> Chapitre 9 : La gravitation temporaliste).

Dans la mécanique quantique, le vide de l'espace n'est pas vide. En raison du principe d'incertitude d'Heisenberg, l'espace est le lieu de fluctuations quantiques et rempli de particules virtuelles.

Dans la théorie du Big Bang, les galaxies s'éloignent les unes des autres, avec une vitesse proportionnelle à leur distance et un décalage spectral dont la valeur est donnée par la constante de Hubble Ho. Ce décalage spectral est interprété comme un effet cosmologique, l'expansion de l'univers. Cette expansion de l'univers est conçue comme une dilatation de l'espace qui entraîne les galaxies. La comparaison habituelle est celle d'un ballon, ou d'une hypersphère, qui se dilate, entraînant les objets à sa surface. L'origine de l'expansion est attribuée à différentes causes, le Big Bang, l'inflation, la constante cosmologique $\wedge$, l'énergie noire, la quintessence, l'instanton, etc... L'espace, dans la théorie du Big Bang, apparaît ainsi comme un concept ambigu. Est-ce un espace abstrait, mathématique ou réel et physique ? Est-ce le vide ? C'est-à-dire le néant ? C'est plutôt l'espace-temps courbe de la Relativité Générale. La contradiction est la même que pour la Relativité Générale. <u>Comment un espace physique vide, c'est-à-dire le néant, peut-il être en expansion ?</u>

Le concept physique d'espace, dans la physique et la cosmologie contemporaines, est contradictoire. Le vide spatial quantique n'est pas réellement vide puisqu'il est rempli de particules virtuelles. Le vide spatial de la relativité générale, en l'absence de matière-énergie, peut être considéré comme vide. Comment la présence de matière-énergie peut-elle courber physiquement un cadre vide ? Un cadre physique vide n'est ni plat ni courbe. Il n'a pas de dimension spatiale. La relativité générale est une théorie mathématiquement cohérente et physiquement validée. Sa valeur prédictive est, depuis longtemps, quotidiennement démontrée. Sa rationalité ne l'est pas. Il en est de même pour la mécanique quantique. Quant à l'expansion de l'univers, fondement du Big Bang, elle souffre du même handicap rationnel que la relativité générale.

Eu égard à son irrationalité contradictoire, le concept quantique d'espace ou de vide, doit être considéré comme anthropique. Il en est de même du concept spatial relativiste qui courbe l'espace ou le vide et non les trajectoires dans cet espace ou ce vide. Il y a donc lieu de rechercher une conception ananthropique de l'espace, c'est-à-dire rationnelle, non-contradictoire, qui intègre les résultats considérables et incontestables de la mécanique quantique et de la relativité einsteinienne. Un tel modèle est possible. C'est une approche de ce modèle que l'auteur a proposé dans la gravitation temporaliste de son modèle temporaliste : (< http://site.voila.fr/nobigbang> - Chapitre 9 : La gravitation temporaliste). Le modèle temporaliste, fondé sur une nouvelle constante quantique To, propose une interprétation nouvelle des décalages spectraux et une alternative au modèle standard de la cosmologie, le modèle standard du Big Bang.

Le décalage spectral des galaxies lointaines est interprété, dans le modèle standard du Big Bang, comme un effet cosmologique dû à l'expansion de l'univers, ou plutôt de son espace. Conformément à son hypothèse de travail, le modèle temporaliste l'interprète comme un phénomène <u>quantique et temporel</u> et non <u>cosmologique et spatial</u>. Selon le modèle temporaliste, le décalage spectral z des photons, qui voyagent dans l'espace, est le résultat (en dehors de toute interaction extérieure) de l'influence de l'asymétrie du temps, c'est-à-dire de l'existence de la constante quantique To, sur les photons. Il n'a aucun rapport avec le concept de « lumière fatiguée ».

b) <u>Le concept physique de temps</u>

De même que pour l'espace, la Relativité Restreinte relativise le concept de temps absolu aristotélicien ou newtonien. Mais, de même que pour le concept d'espace, la Relativité Restreinte relativise non le temps mais les mesures du temps, c'est-à-dire les mesures temporelles des horloges, selon leur état de repos ou de mouvement. Ce fonctionnement relativiste des horloges de la Relativité Restreinte découle du même postulat de la constance de la vitesse de la lumière dans le vide. Néanmoins, la coordonnée de temps conserve sa direction privilégiée, du passé vers le présent et l'avenir, contrairement aux coordonnées d'espace. Cette direction privilégiée du temps, engendre un " cône de lumière " qui délimite les évènements observables de l'univers. La Relativité Générale conserve cette asymétrie temporelle.

La physique quantique, qui a intégré la relativité restreinte dans l'électrodynamique quantique, n'a guère modifié le concept relativiste du temps. Elle l'a changé, dans un sens spatial, dans les diagrammes de Feynman, où l'orientation passé > avenir n'est plus privilégiée par rapport à l'orientation avenir > passé (particules et anti-particules). Les relations d'incertitude d'Heisenberg, en corrélant l'incertitude sur l'énergie et l'incertitude sur le temps ne donnent pas de définition spécifique du temps. Si la relativité einsteinienne met bien en valeur (cône de lumière) la flèche du temps passé > avenir, elle abolit la notion de temps pour le photon. Une horloge en mouvement ralentit. Une horloge se déplaçant à la vitesse de la lumière ralentirait infiniment. Le photon qui se déplace, dans le vide, à la vitesse constante de c, est, selon la relativité einsteinienne, immuable. Pour lui, le temps disparaît et il se situe donc en dehors du temps.

Dans certaines théories des supercordes, l'univers serait composé de onze dimensions, dont sept dimensions spatiales, entortillées dans des espaces de Calabi-Yau et de 4 dimensions d'espace-temps visibles. Dans la dimension de temps, le photon ne vieillit pas. " A la vitesse de la lumière, le temps cesse de s'écouler " (Brian Greene 2000).

La conception macroscopique du temps souffre, au premier abord, d'a priori religieux et métaphysiques millénaires essentiellement anti-scientifiques : création (de l'univers), cause première, cause finale, origine, divinités créatrices, mythes innombrables, etc... Ces a priori ont conduit la science, dans le passé, à des théories cosmogoniques purement anthropiques et à leur dernier avatar, le Big Bang, qui apparaît ex-nihilo, et dont de nombreuses théories tentent de pallier les difficultés de la singularité initiale (inflaton, pré-Big Bang, etc...).

En dernière analyse, le temps est conçu, dans la physique contemporaine, comme une quatrième dimension spatiale de l'univers. L'asymétrie passé > avenir est le seul paramètre distinguant les dimensions spatiales de la dimension temporelle. Cette asymétrie, niée par Stephen W. Hawking est affirmée par Roger Penrose (1996). Si l'asymétrie disparaît du concept de temps, rien ne distingue plus la dimension temporelle d'une dimension spatiale.

Une expérience récente a néanmoins confirmé l'asymétrie du temps dans les particules élémentaires étranges (PLEAR 1998).

De multiples théories, essentiellement en cosmologie quantique, spéculent sur le concept de temps. La théorie de l'Instanton, de Hawking - Turok, extrêmement spéculative, conçoit l'Instanton comme un minuscule objet contenant à la fois sa propre gravité, la matière et son propre espace-temps et qui déclencherait un univers inflationnaire. Andreï Linde est très sceptique vis-à-vis de cette théorie qu'il juge plus médiatique que physique. Une question demeure sans réponse dans cette théorie : quelle est la cause de l'origine de l'instanton ? L'hypothèse inflationnaire d'Alan Guth et les multiples théories de pré-Big Bang (Gabriele Veneziano 1968 – 1991) sont essentiellement spéculatives et/ou quasiment invérifiables.

Ces différentes théories ne peuvent pas bénéficier du statut ananthropique : 1) elles sont hautement spéculatives et violent l'esprit critique ;   2) elles transgressent le Principe de Réalité car elles ne sont ni « falsifiables » ni « vérifiables ».

Dans la relativité einsteinienne comme dans la théorie des supercordes, le temps s'abolit pour le photon qui se situe donc hors du temps. Dans la plupart des modèles cosmologiques, l'espace et le temps disparaissent avant le mur quantique (situé à 10^{-43} seconde) ou le Big Bang situé à l'instant zéro.

Affirmer que l'espace et le temps émergent avec le Big Bang ou avant (pré-Big Bang) signifie très précisément que la matière-énergie est créée avec l'espace et le temps à partir du néant pur. Cette affirmation, entièrement gratuite et sans aucune validation, relève plus de la science-fiction que d'une science rigoureuse.

Le concept de temps, tel qu'il apparaît dans les modèles cosmologiques quantiques, la relativité einsteinienne ou la théorie des supercordes peut être considéré comme un concept tout à fait anthropique. Il transgresse à la fois le critère d'esprit critique et le Principe de Réalité: 1) Affirmer que le photon se situe en dehors du temps est une pure spéculation, non vérifiée, et une absence évidente d'esprit critique 2) Nous n'avons aucune preuve physique de l'exclusion du temps du photon.

Le concept quantique ou relativiste de temps peut donc être considéré comme anthropique. Il y a donc lieu de rechercher une conception ananthropique du temps, c'est-à-dire qui ne viole pas l'esprit critique, qui intègre les résultats considérables et incontestables de la mécanique quantique et de la relativité einsteinienne et qui soit « falsifiable ». C'est ce que l'auteur propose dans son modèle temporaliste fondé sur l'hypothèse de l'asymétrie fondamentale du temps : <u>< http://site.voila.fr/nobigbang></u> (Chapitre 5 : Le concept de temps).

Le concept de temps universel, analysé de façon critique, apparaît comme un concept infondé et inutile. C'est ce que nous nous proposons de démontrer dans les paragraphes suivants.

c) <u>LE CONCEPT INUTILE DE TEMPS</u>

1 Un concept scientifique

L'analyse du concept de temps peut être effectuée de façon philosophique ou scientifique. Notre recherche évite soigneusement les marécages de la métaphysique et se conforme à des critères purement scientifiques, rigoureux, et aux exigences de « falsifiabilité » au sens de Popper et de « faits vérifiables » selon Einstein.

2 Les interprétations du concept de temps

Le concept scientifique de temps peut être caractérisé historiquement. On peut considérer qu'un concept scientifique du temps peut remonter à Aristote qui le définit comme une mesure du mouvement. Le temps apparaît ainsi comme le cadre absolu des phénomènes qui s'y déroulent. Pour Newton, le temps est un paramètre du mouvement décrit par une équation différentielle. Il est absolu et inséparable du déterminisme mécaniste.

Le concept de temps absolu a été battu en brèche par la thermodynamique, la relativité restreinte, la relativité générale et la physique quantique. Selon la thermodynamique, un système, composé de nombreux éléments, évolue, de façon probabiliste, irréversiblement, vers des états de plus en plus probables : c'est la croissance de l'entropie. L'irréversibilité des systèmes implique la flèche du temps du passé vers le futur. La théorie du chaos, branche de la thermodynamique, affaiblit la prédictibilité des phénomènes sans en modifier l'irréversibilité. Selon la théorie de la relativité restreinte, le temps est intimement lié à l'espace dans le concept de l'espace-temps à 4 dimensions. Sa mesure dépend de l'état de mouvement du référentiel. L'espace-temps est lié à la matière-énergie dans la théorie de la relativité générale où la mesure du temps est affectée par la gravitation et le mouvement relatif des référentiels. La physique quantique, avec le principe d'incertitude d'Heisenberg, introduit une incertitude fondamentale dans la mesure du temps couplé à l'énergie mais ne se prononce pas sur la nature du temps.

3 Concepts anthropiques et ananthropiques

Dans le chapitre II (Propositions de concepts ananthropiques), nous indiquons les critères des concepts ananthropiques qui permettent, selon nous, de définir un concept ananthropique débarrassé du biais de l'être humain considéré comme étalon des phénomènes biologiques ou physiques. Il s'agit, en bref :

1. objectivité ou neutralité vis-à-vis de la nature (à l'exclusion de tout jugement de valeur)
2. esprit critique récusant tout concept irrationnel ou spéculatif
3. rejet des concepts qui violent le principe de réalité, sans faits probants et falsifiabilité
4. rejet des concepts contradictoires : espace physique (c'est-à-dire cadre vide) courbé, vide (quantique) rempli de particules virtuelles
5. rejet du minuscule terrien comme étalon d'analyse des phénomènes physiques et biologiques (avec ses jugements de valeur, ses finalités et avantages biologiques, les concepts physiques d'optimisation, etc...)

4 Le concept contemporain de temps

Différents aspects du temps illustrent les concepts contemporains du temps : le cours du temps, le moteur du temps, la flèche du temps, l'origine du temps et sa fin éventuelle (Big Bang et Big Crunch), la causalité (l'effet postérieur à la cause), et comme nous l'avons vu plus haut, l'asymétrie passé > avenir du temps (niée par Stephen W. Hawking et affirmée par Penrose 1996). Parallèlement aux concepts du temps, l'écoulement du temps a été mesuré dès l'antiquité. L'appareil le plus ancien connu est le gnomon (simple piquet planté dans le sol) déjà utilisé en Chine 2.400 ans avant J-C. Puis viennent successivement le cadran solaire, la clepsydre, le sablier, les bougies, les horloges, les chronomètres, les horloges à quartz puis l'horloge atomique. De nos jours, la seconde a été définie, par accord international, en 1967 : « la seconde est la durée de 9.192.631.770 périodes de la radiation correspondant à la transition entre les deux niveaux hyperfins de l'état fondamental de l'atome de césium 133 ». L'échelle de temps en découlant est le T.A.I., le Temps Atomique International. Cette précision moderne de la mesure de l'écoulement du temps n'apporte aucune information sur la nature du temps.

5 Analyse ananthropique du concept de temps

Cette analyse repose, naturellement, sur les critères incontournables de falsifiabilité (Popper) et de faits vérifiables (Einstein).

Le temps, défini comme un cadre ou un contenant de l'univers où se produisent les évènements ou les phénomènes, est un concept sans justification. Sans phénomènes naturels (physiques ou biologiques), le temps ne peut être matérialisé. Ce concept est donc parfaitement inutile comme l'était le concept d'éther avant la révolution relativiste. Toutes les mesures du temps que nous avons énumérées au paragraphe 4 sont des mesures de la durée de phénomènes physiques (déplacement de l'ombre du gnomon ou de l'aiguille du cadran solaire, écoulement de sable, oscillations d'horloges atomiques, etc...). Nous constatons ainsi que les différentes « mesures du temps » ne sont, en réalité, que des « mesures de durées » de certains phénomènes physiques : déplacement de l'ombre du gnomon ou de l'ombre de l'aiguille du cadran solaire, vitesse d'écoulement du sable, nombre de périodes d'une radiation, etc...

Nous proposons que le concept de temps, considéré hors des phénomènes naturels, étant invérifiable et inutile, soit éliminé tout comme le concept d'éther l'a été dans la théorie électromagnétique. Demeurent les divers phénomènes physiques et biologiques qui existent : apparition et disparition des étoiles et des galaxies dans le cosmos, naissance et mort des organismes vivants, évolution biologique, évolution stellaire (diagramme de Hertzung-Russell). Aucune manifestation matérielle ou énergétique dans notre univers n'échappe à la variation. Selon le premier principe de la thermodynamique, dans un système fermé, dans toute transformation, il y a conservation de l'énergie. Le second principe de la thermodynamique établit l'irréversibilité des phénomènes physiques se concrétisant par la croissance de l'entropie.

Nous pouvons ainsi caractériser les phénomènes naturels par les critères suivants :

1. la variabilité de tout ce qui existe (atomes, étoiles, organismes vivants, etc...)
2. le respect du premier principe de la thermodynamique c'est-à-dire la conservation de l'énergie. Ce principe s'exprime dans la

célèbre formule de Lavoisier : « Rien ne se perd, rien ne se crée, tout se transforme »
3. le respect du second principe de la thermodynamique qui établit l'irréversibilité des phénomènes physiques par la croissance de l'entropie
4. le rejet du concept anthropique de temps, en dehors des phénomènes naturels, qui viole le principe de réalité et n'est pas falsifiable
5. l'évolution neutre des organismes vivants et des espèces en excluant toute finalité et tout jugement de valeur (avantages, sélection naturelle des meilleurs, adaptations, etc...)

Ces critères répondent aux exigences des concepts ananthropiques : esprit critique, falsifiabilité, cohérence des concepts, respect du principe de réalité, neutralité, rejet du biais de l'étalon humain, etc...).

A contrario, le non-respect de ces critères ananthropiques amène à rejeter la théorie du Big Bang (et tout ce qu'elle a entraîné : inflation, singularité physique, expansion de l'espace, nucléosynthèse primordiale, etc...) qui viole le premier principe de la thermodynamique et le principe de réalité, avec une création de l'univers, du temps, de l'espace et de l'énergie ex-nihilo. Sans compter d'autres nombreuses difficultés de la théorie. Nous proposons une alternative à cette théorie avec un nouveau concept évolutif du photon <http://site.voila.fr/nobigbang>.

La théorie darwinienne de la sélection naturelle (avec ses jugements de valeur, avantages, sélection naturelle des meilleurs, fonctions, etc...) doit également être considérée comme une théorie anthropique. Elle n'est pas neutre vis-à-vis des phénomènes biologiques de la nature. Elle utilise des concepts finalistes et des jugements de valeur (avantages, sélection naturelle des meilleurs, finalités, fonctions des organes alors qu'il ne s'agit que de « propriétés »). Nous proposons une alternative à la T.S.E (Théorie Synthétique de l'Evolution) : <http://site.voila.fr/dinosaurs>) qui l'intègre et qui repose sur un corpus important de vérifications concernant l'évolution biologique (causes des extinctions de masse et, en particulier, de la mort des dinosaures, l'hominisation, les conséquences probabilistes de l'évolution du taux de PO_2, etc....).

Les phénomènes naturels varient. Ils ont des durées limitées qu'on peut mesurer avec un référentiel étalon. La mesure des durées des phénomènes astronomiques (le temps des éphémérides T.E.) était fondé sur des mesures du mouvement des astres aboutissant à la définition de la seconde sidérale. Depuis le 13 Octobre 1967, la définition de la seconde, dans le système international d'unités S.I. est basée sur un étalon primaire du temps et de fréquence reposant sur la transition entre 2 niveaux hyperfins de l'état fondamental de l'atome de césium 133. La durée de cette radiation de 9.162.631.770 périodes définit la seconde. Cet étalon primaire est obtenu à partir de constantes universelles telles que la vitesse de la lumière, la constante de Planck h-bar ou la charge de l'électron (constantes quantiques). La seconde, ainsi définie, ne mesure pas le « temps ». Elle mesure la durée d'un phénomène naturel quantique comportant 9.162.631.770 périodes. Notons que le T.A.I. (Temps Atomique International) subit l'influence des effets relativistes de la gravité. Il est, à Paris, en retard de 6 ms/an sur Boulder (U.S.A.) situé à 2.000 m d'altitude.

6 Conclusions

L'analyse du concept de temps nous a conduits à établir :

1. Le concept de temps est un concept scientifiquement inutile.
2. Tous les phénomènes, biologiques ou physiques, évoluent. Cette évolution se fait à des échelles différentes (millions ou milliards d'années pour les étoiles, souvent annuelles pour les êtres vivants, infinitésimales pour des particules quantiques, très variables pour les noyaux d'atomes radioactifs). Elle justifie le concept de durées spécifiques des classes de phénomènes.
3. Le caractère évolutif et les durées diverses des phénomènes entraînent l'existence de la flèche des durées se substituant à la flèche du temps.
4. Que ce soit dans le domaine de la biologie ou de la physique, l'évolution des phénomènes est caractérisée par l'irréversibilité des phénomènes. Nous verrons, dans le chapitre suivant, ce qu'implique cette spécifité.

CAUSALITE OU PROBABILITE

Rappelons l'analyse du concept abusif de la causalité et celui du hasard au Chapitre II de < http://site.voila.fr/probability >. Le modèle probabiliste de l'univers y propose que tous les phénomènes de l'univers (biologiques et physiques) soient le résultat de la loi unique sous-jacente du hasard. Celui-ci est défini comme un facteur relatif de probabilité se substituant au facteur absolu de causalité qui mène au concept classique du déterminisme de l'univers (Laplace 1814). Le modèle probabiliste de l'univers fournit de nombreux arguments et preuves de sa proposition (Chapitre V – Preuves et arguments du modèle probabiliste de l'univers).

Les lois de probabilité se fondent sur la loi des grands nombres, justifiée par les nombres considérables mis en jeu dans les phénomènes physiques et biologiques. Rappelons la valeur du nombre d'Avogadro $6,0221415 \times 10^{23}$ (le nombre d'entités dans une mole), le nombre moyen de neurones dans le cerveau humain 10^{11}, le nombre moyen de galaxies dans l'univers accessible : 2×10^{11}, etc… Comme nous l'avons analysé dans le chapitre II du modèle probabiliste de l'univers, la théorie des probabilités, expression de la loi unique du hasard, domine tous les phénomènes biologiques et physiques de l'univers.

En physique, la théorie des probabilités s'applique à la théorie cinétique des gaz, à la physique statistique, à la physique quantique, à la thermodynamique, etc… Selon le second principe de la thermodynamique, l'entropie d'un système fermé en déséquilibre croît. C'est-à-dire que le système évolue d'un état à des états de plus en plus probables (Boltzmann). Pour Clausius, la variation d'entropie mesure le degré d'irréversibilité de l'évolution d'un système. Pour Poincaré, l'entropie est une probabilité, c'est-à-dire qu'elle obéit aux lois du hasard. Pour Maxwell, la validité du second principe de la thermodynamique est d'ordre statistique et fondée sur les probabilités en raison de l'extrême petitesse des particules et de l'énormité de leur nombre. Quant à la physique quantique, elle est entièrement imprégnée de probabilités et d'indéterminisme (équation d'onde probabiliste de Schrödinger – principe d'incertitude d'Heisenberg).

La loi unique du hasard qui s'exprime par la théorie des probabilités s'applique également aux phénomènes biologiques comme l'indiquent dans le Chapitre V (Preuves et arguments du modèle probabiliste de l'univers) d'innombrables faits biologiques qui concernent aussi bien la génétique (Jean-Jacques Kupiec 2005) que la biochimie ou le cerveau humain (théorie de la sélection naturelle des structures neuronales – Gerald Edelman – Biologie de la conscience). Qu'il s'agisse de phénomènes biologiques ou physiques, le concept de probabilité se substitue donc à celui de causalité. Les différents phénomènes obéissent ainsi aux facteurs de probabilité prépondérants (entropie, évolution biologique probabiliste, interactions moléculaires probabilistes dans la vie cellulaire, arguments expérimentaux en faveur d'un mécanisme probabiliste de l'expression des gènes – Kupiec, etc...).

L'application de la loi du hasard (ou des probabilités) implique un caractère fondamental, l'irréversibilité des phénomènes. En effet, la théorie des probabilités indique une évolution inéluctable des phénomènes vers l'état le plus probable.

TEMPS ET PROBABILITE

Le caractère commun des durées et de la probabilité est leur irréversibilité. Les phénomènes naturels ne sont pas stables. Ils évoluent en permanence. Ils ne sont pas. Ils sont en devenir. Leur devenir entraîne une durée et, simultanément, obéit à la probabilité. Ces deux caractéristiques des phénomènes naturels (physiques et biologiques) sont indissolublement liées. On peut les décrire dans une synthèse factuelle : toutes les classes de phénomènes de la nature s'écoulent avec une durée spécifique, sont irréversibles et probabilistes.

Le concept de temps universel ou même local (espace-temps einsteinien) s'appliquant aux divers phénomènes devient inutile et totalement inopérant. Il doit disparaître, tout comme le concept qui en découle d'un « âge » de l'univers.

VALIDATION SCIENTIFIQUE

L'analyse des concepts de temps et de causalité nous a conduits à les éliminer et à leur substituer les concepts de durées et de probabilités. Tous les phénomènes naturels ont des durées et un devenir probabiliste. Notre analyse se situe sur un plan strictement scientifique. Elle n'a rien à voir avec un concept ou une thèse philosophique, toujours contestable, jamais falsifiable. Elle est donc soumise aux critères rigoureux de falsifiabilité (Popper) et de preuves factuelles (Einstein).

Les phénomènes naturels peuvent être classés, par commodité, en phénomènes biologiques (afférant au vivant) et en phénomènes physiques (afférant aux phénomènes de l'énergie et de la matière inanimée).

1) Les phénomènes biologiques

Tous les phénomènes du vivant sont en devenir (biochimie, biologie moléculaire, génomique, protéonomique, évolution biologique animale et végétale, etc...).

La T.S.E. (Théorie Synthétique de l'Evolution), qui enrichit la théorie darwinienne de l'évolution, est une théorie anthropique qui repose sur des jugements de valeur ou finalistes (avantages, sélection naturelle des meilleurs –gènes ou espèces ou individus -, adaptations, etc...). L'auteur propose un modèle strictement ananthropique de l'évolution biologique validé par 3 exemples : 1) l'extinction de masse à la limite KT, avec les causes de la disparition des dinosaures, et les 4 autres plus importantes 2) l'hominisation et la corrélation entre les sites fossilifères des Hominidés et les sources de l'iode 3) les conséquences probabilistes sur l'évolution animale de l'augmentation du taux d'oxygène PO2 P.A.L. : <http://site.voila.fr/dinosaurs>.

Au Chapitre VI du site <http://site.voila.fr/probability> (Preuves et arguments du modèle probabiliste de l'univers), nous citons de très nombreux faits ou modèles biologiques qui valident l'évolution probabiliste des phénomènes biologiques. Ils concernent aussi bien la génétique que la biochimie ou le cerveau humain (théorie de la sélection naturelle des structures neuronales – Gerald Edelman – Biologie de la conscience ; expression probabiliste des gènes - Jean-Jacques Kupiec 2005) ; lois de Mendel ; mutations génétiques ; cycle de Kreps ; innombrables modèles biologiques probabilistes concernant la biologie, le cerveau, le génome, la biochimie, etc...).

2) Les phénomènes physiques

La physique contemporaine est largement imprégnée de théories probabilistes, dans la plupart de ses domaines.

Rappelons les Preuves et arguments du modèle probabiliste de l'univers et les paradigmes majeurs de la physique quantique dont l'interprétation générale est probabiliste (l'équation d'onde probabiliste de Schrödinger et les relations d'incertitude d'Heisenberg) ; le second principe de la thermodynamique et la croissance de l'entropie ; la mécanique statistique de Boltzmann, base de la théorie cinétique des gaz dont la troisième hypothèse fondamentale indique que « l'état du gaz en équilibre est celui qui correspond à la probabilité maximum ».

Dans la relativité générale, les particules d'épreuve décrivent les géodésiques de l'espace quadridimensionnel, c'est-à-dire les trajectoires minimales ou optimales de l'espace-temps. Les géodésiques (ou plus courtes distances) représentent la traduction anthropique d'optimisation qui correspond, en dernière analyse, au concept ananthropique de probabilité dominante ou prépondérante.

Le principe de moindre action de Maupertuis de la physique classique et le même principe quantique d'Hildebrandt (principes d'action minimale) traduisent également, de façon anthropique, le concept ananthropique de probabilité dominante.

Le principe de Fermat, en optique, relève de la même interprétation anthropique d'un temps de parcours ou d'une longueur minimum, entre deux points, alors que sa véritable signification ananthropique est toujours celle de la probabilité dominante dans les phénomènes physiques.

CONCLUSIONS

L'analyse des concepts anthropiques de temps et de causalité nous a conduits à les rejeter et à leur substituer les concepts ananthropiques de durées et de probabilités. Ces deux concepts intègrent la même caractéristique : l'irréversibilité des phénomènes qui les lient indissolublement.

Les phénomènes de la nature se déroulent à des échelles spatiales ou temporelles très différentes : de 10^{-15} m pour le rayon du proton à 14,43 milliards d'années-lumière distance de l'univers observable ; de la durée de Planck h-bar 10^{-33} sec. à la durée de l'univers observable 14,43 milliards d'années.

Les durées peuvent être mesurées avec des étalons très différents : étalon atomique quantique avec une radiation de 9.162.631.770 périodes de l'atome de césium 133 qui définit une durée d'une seconde. ou étalon cosmologique comme la luminosité des supernovas utilisées comme des chandelles standard permettant d'en déduire les distances et donc les durées.

Il n'existe plus de repère absolu d'un temps universel s'appliquant à tous les phénomènes mais des durées diverses selon les phénomènes, mesurées par des étalons appropriés. Le concept de temps, sans validation scientifique (au sens de falsifiabilité de Popper ou de faits vérifiables au sens d'Einstein) est donc un concept anthropique vide de sens et donc inutile. Il doit donc être éliminé. Les concepts ananthropiques de durées et de probabilités, plus féconds, le remplacent avantageusement.

d) Le concept physique de vitesse limite c

La constance de la vitesse de la lumière dans le vide c est un postulat de la Relativité Restreinte. Ce postulat de la constance de c et de sa valeur limite dans la vitesse de transmission des phénomènes physiques constitue le fondement de la physique moderne, que ce soit en Relativité (restreinte ou générale) ou en mécanique quantique.

Un certain nombre de chercheurs ont néanmoins envisagé des vitesses physiques supraluminiques ou même considérables (hypothèse des tachyons de Tumulka), voire infinies. Ou des actions se propageant instantanément. Jusqu'ici aucune de ces hypothèses n'a pu être validée. Ces concepts qui transgressent le Principe de Réalité, c'est-à-dire les faits et lois scientifiques validés, ne peuvent donc pas prétendre au statut ananthropique.

Le concept physique de vitesse limite c peut seul, à l'heure actuelle, y prétendre.

e) Le paradoxe EPR (Einstein, Podolsky, Rosen - 1935)

Le paradoxe EPR évoque un concept étrange, contradictoire avec la physique classique déterministe.

Le paradoxe EPR soutient que la description des phénomènes quantiques par la mécanique quantique est insuffisante (variables cachées) et mène à une contradiction avec l'un des trois points suivants : 1) l'impossibilité pour un signal physique de dépasser la vitesse c ; 2) la causalité ; 3) la localité.

Dans leur article E.P.R., les auteurs interrogeaient : « La description de la réalité physique peut-elle être considérée comme complète ? ». Ils répondaient non, après un raisonnement détaillé. La réponse immédiate de Bohr reprenait l'interprétation de Copenhague. De Broglie, le créateur, en 1925, de la mécanique ondulatoire, avait beaucoup de réserve pour cette dernière interprétation qu'il considérait comme un « clair-obscur » suspect. Après s'être rangé sous la bannière de la mécanique quantique, au bout de 25 ans, il se ravisa et proposa le concept de l' « onde pilote ». Ce concept ne réussit pas à s'imposer.

Le formalisme quantique (probabiliste) mène à la violation des inégalités de Bell par les prédictions quantiques qui démontrent que les corrélations quantiques ne peuvent se comprendre à l'aide de concepts classiques.

Les expériences d'Alain Aspect (1981 - 1982) démontrèrent que les prédictions de la mécanique quantique étaient valides, qu'il n'existait pas de variables cachées et qu'Einstein et ses collègues avaient tort. Des trois points précités, on choisit le troisième et l'on en conclut à la non-localité ou la non-séparabilité de deux particules dans un ensemble unique.

Cette notion d'ensemble inséparable, d'états intriqués, de transmission d'information instantanée (et non de message physique ce qui violerait la Relativité restreinte) et de non-localité est une interprétation des expériences d'Alain Aspect. Une autre interprétation, que nous proposons, est possible. Nous substituons au déterminisme invoqué l'indéterminisme fondamental du microcosme quantique, corroboré par l'équation d'onde probabiliste de Schrödinger et les relations d'incertitude d'Heisenberg. La substitution d'un probabilisme fondamental à la causalité classique rend inutile le concept étrange de non-localité ou de non-séparabilité. Cette interprétation probabiliste est totalement en phase avec notre modèle probabiliste d'univers. Au demeurant, le paradoxe E.P.R. traduit parfaitement l'incompatibilité de la Relativité Restreinte et de la Relativité Générale, aux concepts parfaitement déterministes, et la physique quantique, aux concepts parfaitement probabilistes.

L'intrication semble impliquer la non-localité, un phénomène étrange qui aboutit à la possibilité d'influer physiquement sur un objet sans y toucher ou sans toucher une succession d'entités nous reliant à lui. En 1964, le physicien irlandais John Bell posa la question : « Les non-localités qui semblent présentes dans les lois de la mécanique quantique sont-elles apparentes ou réelles ? » Selon les équations dites « de Bell », ce dernier concluait qu'aucun formalisme n'était mathématiquement possible. Par conséquent, le monde physique est effectivement non-local. Bell montra qu'aucune théorie locale ne peut reproduire toutes les prédictions empiriques de la mécanique quantique et que les prédictions de toute théorie locale doivent obéir à certaines relations mathématiques, les « inégalités de Bell ». Les expériences sur les états intriqués de la lumière (Alain Aspect) montrent que les prédictions de la mécanique quantique sont vérifiées même dans les situations où cette théorie viole les inégalités de Bell. En fin de compte, le monde est non-local. L'influence non locale entre particules quantiques dépend seulement de l'intrication ou non de ces particules. Le type de non-localité que l'on rencontre en physique quantique semble faire appel à une simultanéité absolue, parfaitement contradictoire avec la Relativité restreinte. C'est la fonction d'onde de Schrödinger (fonction d'onde probabiliste) qui est au cœur des effets non locaux de la mécanique quantique.

Un certain nombre de réflexions peuvent être apportées au concept étrange de non-localité :

1) De nombreuses explications au paradoxe E.P.R. ont été proposées ; malheureusement, elles sont toutes spéculatives et sans validation scientifique (hypothèse des tachyons aux vitesses supraluminiques, non-localité temporelle – Tumulka -, référentiel privilégié : centre de masse de l'univers (?) qui viole la Relativité restreinte, etc...
2) Utilisation de 2 théories antinomiques, probabiliste et déterministe, dans un même raisonnement.
3) Le paradoxe E.P.R. mélange 2 théories incompatibles aux prémisses contradictoires (position exacte d'une particule dans une théorie déterministe et imprécision fondamentale dans la physique quantique reposant sur le principe d'incertitude d'Heisenberg). L'utilisation, dans un même raisonnement, de deux théories contradictoires, l'une strictement déterministe, l'autre aussi strictement probabiliste, ne peut mener qu'à une impasse logique. Le résultat en est le paradoxe E.P.R. avec des états quantiques intriqués et des concepts incompatibles tels la non-localité (théorie quantique).et la localité (théorie relativiste).
4) Le modèle probabiliste d'univers récuse toute interprétation déterministe.
5) L'intrication de 2 particules ou 2 états quantiques situés à 1 mètre ou un km de distance découle nécessairement de l'intrication, à l'origine, de 2 particules ou 2 états quantiques, selon les prémisses probabilistes de la physique quantique.

6) L'univers déterministe peut être considéré comme un concept anthropique.
7) Nous proposons un test de non-localité de 2 particules ou états quantiques. Si on constate l'intrication, à distance, de 2 particules ou états quantiques A et B dans une première observation, si on modifie, dans une deuxième phase, la particule ou l'état quantique A, cette modification sera-t-elle observée, ensuite, sur la particule ou l'état quantique B ?

f) Le concept physique du Principe de conservation de l'énergie

La première loi de la thermodynamique énonce le Principe de la conservation de l'énergie dans un système fermé. L'univers peut-il être considéré comme un système fermé ? La réponse est, aujourd'hui, controversée.

Par ailleurs, que ce soit dans le monde macroscopique ou microscopique, animé ou inanimé, on n'a jamais pu observer d'apparition ex-nihilo ou de disparition de matière-énergie. Les organismes vivants se transforment en d'autres organismes vivants (reproduction), en molécules biologiques, ou en matière (molécules) inanimée. Les molécules, les atomes ou leurs composants (particules de matière et bosons de jauge) se transforment les uns dans les autres mais ne disparaissent jamais. La matière se transforme en énergie et vice-versa (photons > < électrons) mais ne disparaît pas. En vertu du Principe de Réalité, on peut considérer que la matière-énergie ne peut ni apparaître ni disparaître.

Les modèles qui envisagent la création de matière-énergie et d'espace-temps ex-nihilo soit à l'instant zéro du Big Bang soit à une époque Pré-Big Bang violent le Principe de Réalité et doivent donc être considérés comme anthropiques. Seul le Principe de conservation de l'énergie (plus précisément de matière-énergie) bénéficie du statut ananthropique.

g) Le concept de finalité

Le concept de finalité concerne essentiellement les sciences biologiques. Celles-ci sont empreintes, historiquement, d'a priori finalistes. Les termes mêmes d'organes et de fonctions impliquent des considérations utilitaires et des jugements de valeur. Un organe (cœur, estomac, poumon, etc...) a une fonction (circulation, nutrition, respiration, etc...). Dans le domaine de la physique, un électron n'a pas, dans la constitution d'un atome, de rôle utilitaire. Il possède certaines « propriétés » qui permettent la liaison avec d'autres atomes pour former des molécules. Cette dichotomie dans la description des organismes vivants et de la matière inanimée n'a aucune justification théorique ou scientifique. Elle a pour origine, vraisemblablement, des cosmogonies de caractère métaphysique ou religieux. Attribuer à la nature des intentions ou un aspect éthique, c'est manquer à la neutralité et à l'objectivité requises des concepts.

Le darwinisme et son prolongement, la T.S.E. (la Théorie Synthétique de l'Evolution), avec leurs concepts fondamentaux d' " avantages " et de " sélection naturelle " dotent la nature de concepts utilitaires et d'intentions finalistes, dans l'évolution biologique, qui violent la neutralité incontournable de la nature et est incompatible avec le statut ananthropique. La sélection naturelle (des meilleurs), les avantages (notion anthropique, la nature étant neutre), les adaptations (les organismes les mieux en phase avec leur environnement) sont des concepts anthropiques, sans contestation possible. Le darwinisme doit donc être considéré comme une théorie anthropique.

L'auteur propose un modèle de l'évolution biologique qui intègre la théorie darwinienne, avec une interprétation nouvelle qui respecte le caractère ananthropique de la nature : « Un modèle probabiliste de l'évolution biologique » : <http://site.voila.fr/dinosaurs>

h) Le concept d'optimisation

Que ce soit dans les sciences physiques ou biologiques, on retrouve le concept d'optimisation ou d'efficacité maximale dans de nombreux principes ou disciplines.

Dans la gravitation einsteinienne, l'attraction newtonienne, concept dynamique, est remplacée par un concept cinématique, la géodésique d'espace-temps (la trajectoire la plus courte parcourue par une particule d'épreuve dans un espace quadridimensionnel plus ou moins courbé par les masses et l'énergie). La physique quantique utilise le concept de niveau fondamental minimal d'énergie (état non excité de l'atome). En mécanique quantique, le quantum d'action de Planck h-bar, action minimale, est la pierre angulaire de tous les phénomènes physiques. En mécanique classique, domine le Principe de moindre action de Maupertuis. L'importance de ce Principe se retrouve dans l'électrodynamique quantique où les équations du mouvement, dans les théories des champs, découlent d'un Principe de moindre action quantique (Hildebrandt 1998). Dans ces différents domaines, le mouvement, l'énergie, l'action sont minimaux. Ce qui peut se traduire en un Principe de minimalisation ou d'optimisation des phénomènes physiques.

Cette minimalisation ou optimisation des phénomènes physiques se retrouve dans les phénomènes biologiques. On peut constater cette optimisation des processus biologiques au niveau moléculaire, puisqu'en dernière analyse, ce sont les propriétés des molécules biologiques qui déterminent celles des organismes. Si l'oxygène n'est pas indispensable à la vie (anaérobiose), "couplé à la chaîne respiratoire, le cycle (de Krebs) a ainsi l'efficacité maximum rencontrée en biologie quant à la récupération d'énergie d'oxydation sous forme d'A.T.P." (Schoffeniels 1984). Par la glycolyse et la voie fermentative, les cellules anaérobies fabriquent, à partir du glucose, 2 molécules d'A.T.P., alors que la même réaction, se poursuivant par la respiration dans les cellules aérobies, produit 32 molécules d'A.T.P. (phosphorylation oxydative du cycle de Krebs) soit 16 fois plus d'énergie (Mason 1992, Robert J.Huskey 1998).

Le concept d'optimisation qui attribue à la nature une tendance à l'efficacité ou une finalité dans les phénomènes physiques ou biologiques ne peut être considéré comme ananthropique. La minimalisation de ces phénomènes est néanmoins un fait. Comment peut-on l'interpréter de façon ananthropique ?

Nous avons vu plus haut (Chapitre II) que la théorie des probabilités, et son application par la loi des grands nombres, exprime que les évènements, dont la probabilité ou les chances sont très faibles, se produisent peu ou pas du tout et, vice-versa, se produisent ceux dont la probabilité ou les chances sont élevées. Si l'on prend l'exemple d'une pièce de monnaie jetée en l'air, les chances de voir apparaître le côté pile sont de 1/2. Dans le cas d'un dé, la probabilité de voir apparaître chaque face est de 1/6.

Les développements mathématiques de la théorie des probabilités sont complexes mais ce n'est pas ici le lieu d'en exposer les détails.

On constate ainsi que, dans la théorie des probabilités, on retrouve le processus de minimalisation ou d'optimisation, que nous avons mis en évidence dans les nombreux concepts physiques de mouvement, d'énergie et d'action minimaux : géodésiques de la Relativité Générale; niveau fondamental minimal d'énergie de l'état non excité de l'atome; quantum minimal d'action de Planck h-bar, Principe de moindre action de Maupertuis, Principe de moindre action quantique de Hildebrandt. Il en est de même pour l'optimisation des processus biologiques (cycle de Krebs). Les concepts de minimalisation ou d'optimisation, rattachés à un jugement de valeur humain, doivent être considérés comme anthropiques. Les phénomènes de mouvement, d'énergie ou d'action minimaux, physiques ou biologiques, doivent être considérés comme des phénomènes qui, ayant des chances mathématiques élevées de se produire, se produisent. Ce sont donc des phénomènes probabilistes qui relèvent alors de concepts ananthropiques.

Les concepts anthropiques de minimalisation ou d'optimisation apparaissent donc, en dernière analyse, comme la traduction, anthropique, du concept ananthropique de probabilité dominante ou prépondérante.

i) Le Second Principe de la Thermodynamique

Le Second Principe de la Thermodynamique énonce que, dans un système fermé hors d'équilibre, l'entropie ne se conserve pas. Elle croît et évolue vers un état d'équilibre. L'entropie augmente, pendant l'évolution, vers l'état d'équilibre. Pour Poincaré, l'entropie est une probabilité, c'est-à-dire qu'elle obéit aux lois du hasard. Ce hasard est orienté dans le temps; dans un système global, l'entropie est irréversible. Pour Schrödinger, l'entropie est plutôt synonyme de désordre, de dégradation.

On peut considérer que le Second Principe de la Thermodynamique qui minimalise, par la probabilité, l'évolution de l'ordre dans un système fermé hors d'équilibre est un concept d'optimisation comme ceux que nous venons de citer dans le paragraphe précédent, c'est-à-dire probabiliste et ananthropique. Nous retrouverons au chapitre V d'autres principes minimalistes dans la physique.

Conclusion

L'utilisation de concepts anthropiques, dans des modèles ou des théories, ne peut mener qu'à des raisonnements biaisés, c'est-à-dire anthropiques. Seuls les raisonnements reposant sur des concepts ananthropiques peuvent conduire à des conclusions valides, ananthropiquement.

TROISIEME PARTIE

Le hasard organisateur de l'univers

Chapitre IV

Un modèle probabiliste ananthropique de l'univers

<http://site.voila.fr/probability>

Le modèle proposé est un modèle de caractère rigoureusement scientifique et non spéculatif ou métaphysique. Il se soumet donc au critère de « falsifiabilité » de Popper et à l'exigence einsteinienne de « faits observables » (Les fondements de la théorie de la Relativité Générale 1916). Il est caractérisé par les propositions suivantes :

La structure de l'univers est composée de matière-énergie. Le modèle standard des particules est le modèle qui décrit le mieux, à l'heure actuelle, le microcosme. Les théories des supercordes, séduisantes mais très spéculatives, ne sont pas, à l'heure actuelle, validées.

Le déterminisme repose sur une conception abusivement extensive de la causalité. Les phénomènes de la nature se produisent lorsque certaines conditions physiques sont réunies. Les réactions nucléaires, à l'intérieur des étoiles, ne démarrent que lorsque, par exemple, de l'hydrogène est disponible et un seuil minimal de température est atteint, par la contraction gravitationnelle. L'étoile doit également posséder une certaine masse. La vie est conçue, actuellement, comme ne pouvant exister qu'à partir de cellules, procaryotes, archées ou eucaryotes. Ce que l'on désigne comme la ou les causes d'un phénomène ne sont, en définitive, que certaines conditions prépondérantes (masse de l'étoile, présence d'hydrogène, température, organisation cellulaire, etc..), " toutes choses égales par ailleurs ".

L'expression la plus achevée du déterminisme est la conception de Laplace (1814). Selon cette conception, il suffirait de connaître totalement l'état de l'univers à un moment donné pour que la totalité des états passés soit connue et que la totalité des états futurs devienne prédictible. Cette conception théorique est, physiquement, pratiquement inobservable et irréalisable. De surcroît, elle constitue une extrapolation exponentielle et arbitraire, parfaitement anthropique, de la causalité. C'est affirmer, par exemple, que les grandes extinctions de masse biologiques sur la terre étaient prédictibles avant même que notre galaxie, la Voie Lactée, soit née, il y a plusieurs milliards d'années. <u>Cette affirmation, de sens laplacien, n'a aucun fondement scientifique et est en contradiction formelle avec les observations et les réalités de la nature.</u>

Les lois de la science établissent des liens entre les phénomènes. Elles indiquent que, lorsque certaines conditions sont réunies, certains phénomènes se produisent nécessairement ou avec une grande probabilité (exemples ci-dessus, présence de masses provoquant une attraction gravitationnelle newtonienne ou courbure einsteinienne de l'espace-temps, " cause " de démarrage des réactions nucléaires à l'intérieur d'une étoile, présence d'oxygène au Précambrien " cause " de l'apparition d'organismes aérobies, etc..).

On peut donc dire que le concept de causalité, dans les phénomènes, ne représente, en réalité, que l'influence prépondérante de certaines conditions, appelées causes (température, cellules, masses, oxygène, etc...) parmi une multitude d'autres conditions (masse minimale d'une étoile, gènes cellulaires, densité de matière, présence ou non d'un noyau cellulaire, etc...). Les lois indiquent la façon dont l'influence prépondérante, c'est-à-dire probabiliste, de ces conditions se manifeste.

Le modèle probabiliste ananthropique propose de rejeter le concept de déterminisme ou de causalité, concept abusif et inadéquat, comme nous venons de le montrer, au profit du concept de hasard, défini comme un concept de probabilité. Le concept du déterminisme ou de la causalité est un concept anthropique qui, au demeurant, est empreint, historiquement, d'un véritable arrière-plan anthropocentrique ou religieux (cause première, cause finale, premier moteur, origine, création, etc ...).

L'univers n'est-il donc que le fruit du hasard ?

Le modèle probabiliste de l'univers propose cette conception.

Qu'est-ce que le hasard ?

Le hasard est généralement conçu comme l'absence de toute loi, le chaos, la contingence absolue, la rencontre de deux séries causales indépendantes (Cournot 1843) et, finalement, l'imprédictibilité.

En réalité, la véritable nature du hasard est la négation du déterminisme ou de la causalité, concept absolu, au profit du concept relatif de probabilité. Dans un certain état de l'univers, caractérisé par de nombreuses conditions, des phénomènes se produisent lorsque certaines conditions sont présentes (température minimale pour le déclenchement des réactions nucléaires au sein d'une étoile, nécessité d'oxygène présent pour le fonctionnement des cellules eucaryotes des métazoaires). Ces conditions constituent des facteurs de probabilité prépondérants mais non uniques, interprétés, dans le cadre déterministe, comme des facteurs de causalité.

Le concept de probabilité est défini, tantôt comme subjectif, tantôt comme objectif. Nous ne retiendrons ici que la théorie des probabilités en tant que modèle mathématique des chances de production d'un "événement" et son application, la loi des grands nombres ou loi de Jacques Bernoulli (1680). Sommairement traduite, cette loi exprime que les évènements, dont la probabilité ou les chances sont très faibles, se produisent peu ou pas du tout et, vice-versa, se produisent ceux dont la probabilité ou les chances sont élevées (exemple des singes dactylographes d'Emile Borel, Boursin 1986). Le concept de probabilités, introduit par Blaise Pascal (1654), établit le ratio du nombre de cas favorables au nombre de cas possibles. Si l'on prend l'exemple d'une pièce de monnaie jetée en l'air, les chances de voir apparaître le côté pile sont de 1/2. Dans le cas d'un dé, la probabilité de voir apparaître chaque face est de 1/6. La constitution physique ou chimique de la pièce ou du dé, la hauteur, la vitesse, la durée du jet, etc..., sont des facteurs ou des conditions qui jouent un rôle négligeable dans le résultat du jet. La probabilité ressort donc, parmi un ensemble de conditions, comme un facteur prépondérant mais non unique. La probabilité ordonne et simplifie les "évènements": le résultat des lancers, selon leurs chances mathématiques, en l'occurrence 1/2 ou 1/6.

En définitive, la probabilité sélectionne, parmi les nombreux paramètres qui conditionnent la production d'un "évènement" (dans l'exemple précité, la structure, la composition chimique, l'énergie cinétique de l'objet, etc...), un seul paramètre, le nombre de faces de l'objet (2 ou 6), qui simplifie le phénomène et détermine les chances mathématiques auxquelles s'applique la loi de Bernoulli.

L'application de la loi des grands nombres est largement justifiée, sachant que tous les phénomènes de la nature font intervenir des nombres gigantesques : environ 200 milliards de galaxies dans l'univers observable, masse moyenne d'une galaxie environ 10^{42} kg, nombre moyen d'étoiles dans une galaxie 100-300 milliards, nombre d'Avogadro $Na = 6,022.10^{23}$ mol-1, nombre de neurones dans un cerveau humain, environ 100 milliards, etc....

L'intervention de nombres considérables dans les phénomènes, physiques ou biologiques, justifie l'utilisation des mathématiques dans l'élaboration des connaissances, de même que le concept d'espace a engendré la géométrie. Les mathématiques, issues de la vie quotidienne des terriens, se sont développées et affranchies de leur origine empirique. Elles peuvent ainsi élaborer des concepts imaginaires (nombres imaginaires, nombres négatifs, temps imaginaire, etc...). La vérité mathématique n'a nul besoin de la validité physique. Sa seule validité est la cohérence avec ses prémisses. Ainsi, les géométries non-euclidiennes ont-elles la même validité que la géométrie euclidienne. Les mathématiques constituent un outil puissant de recherche et de théorisation de la physique comme le montre, par exemple, l'évolution de la théorie de la gravitation. C'est à la fois leur force et leur faiblesse. Leur force, car elles permettent l'élaboration et la vérification de théories physiques sophistiquées (physique statistique, thermodynamique, gravitation, etc...). Leur faiblesse, car leur cohérence, seul critère de leur pertinence, est impuissante à valider une théorie physique sans vérification expérimentale ou observationnelle. Ainsi, les concepts de temps imaginaire ou réversible, d'univers parallèles, de trous de ver, de singularités, d'instantons, etc..., en vogue dans l'astrophysique et la cosmologie contemporaines peuvent-ils être mathématiquement cohérents mais, physiquement, hautement spéculatifs et quasi-invérifiables expérimentalement.

La force et la faiblesse des mathématiques s'appliquent sans restriction aux modèles informatiques.

L'intervention de ces nombres considérables dans les phénomènes justifie ainsi l'utilisation des mathématiques dans les sciences physiques Le rôle de la probabilité que nous proposons dans notre modèle est apparent dans de nombreux domaines, comme nous les énumérons dans le chapitre suivant. Etant donné la complexité des phénomènes de l'univers et les échelles très différentes où ils se déroulent, la présence de la probabilité n'est pas toujours évidente, bien qu'elle soit sous-jacente. Les propriétés d'un atome, celles d'une cellule eucaryote ou d'une étoile peuvent sembler relever de lois apparemment très différentes, eu égard à l'éloignement de leur échelle dimensionnelle respective (environ 10^{-15} m; 10^{-5} m; $7 \cdot 10^8$ m). En réalité, ces différents phénomènes sont le résultat de la théorie des probabilités appliquée à des conditions différentes, comme le déterminisme l'attribuait à la causalité. Selon le modèle probabiliste ananthropique de l'univers, les phénomènes de l'univers, aussi bien physiques que biologiques, sont le produit du hasard, défini comme le domaine de la théorie des probabilités et de la loi des grands nombres. La théorie des probabilités est la loi fondamentale des phénomènes de l'univers. Cette loi s'applique aux éléments ultimes de la matière-énergie (particules ou supercordes) qui existent et engendrent toute la diversité des phénomènes, de l'échelle microscopique à l'échelle macroscopique, par le jeu des probabilités et la loi des grands nombres. Le hasard est le constructeur unique, visible ou sous-jacent, des phénomènes multiples et variés de l'univers. Il se substitue aux concepts de causalité et de déterminisme Les lois de la nature sont l'expression des systèmes complexes où la probabilité s'est développée. L'indéterminisme de la nature, loin d'être un facteur de chaos ou de désordre, comme on le croit généralement, est, en dernière analyse, un facteur d'ordre et d'organisation des phénomènes, à toutes les échelles. La théorie des probabilités permet, par son application, une prédictibilité des phénomènes.

Appliquée au problème de la biologie, la théorie des probabilités éclaire singulièrement les corrélations entre les différents facteurs de l'environnement et leur correspondance organique (biochimie, morphologie, tissus sensoriels, etc ...). Selon la théorie des probabilités, se produisent les " évènements " les plus probables. Nous avons donc proposé, conformément aux observations précédentes, que la constitution actuelle des organismes vivants soit le résultat de l'interaction la plus probable, statistiquement, entre les stimuli de l'environnement et les propriétés spécifiques (biochimiques, génétiques, anatomiques, comportementales, etc..) de la matière vivante. L'environnement ayant évolué, dans sa complexité, depuis le Précambrien, l'évolution des organismes vivants serait également le résultat de l'interaction la plus probable. (Voir : Un modèle probabiliste de l'évolution biologique : <http://site.voila.fr/dinosaurs>).

Le modèle probabiliste ananthropique de l'univers propose que les concepts et les théories physiques ou biologiques de l'univers (gravitation, newtonienne ou einsteinienne, mécanique quantique, supercordes, cosmologie, etc..., constitution et évolution des organismes, etc...) soient l'expression phénoménologique de la structure probabiliste apparente ou sous-jacente de l'univers.

Connaître ou comprendre l'univers ?

1) Dans les sciences contemporaines, les scientifiques recherchent la connaissance des phénomènes qu'ils étudient, c'est-à-dire leurs structures et leurs fonctionnements. Qu'il s'agisse d'étoiles, de galaxies, de génomes, de quarks ou de cordes. Le but ultime de la science est de rassembler l'ensemble des phénomènes dans des théories unifiées (exemple la Théorie de Tout - Theory of Everything - dans les sciences physiques). En réalité, il s'agit là de connaître, non de comprendre l'univers. Plus prosaïquement, les scientifiques recherchent le comment, non le pourquoi des phénomènes. La raison d'être des phénomènes (microscopiques ou macroscopiques, physiques ou biologiques) n'apparaît pas comme étant de leur domaine. La métaphysique et les mythes religieux peuvent alors développer ici leurs fantasmes obscurantistes et dogmatiques.

2) L'espace physique et non mathématique est le cadre où les phénomènes, macroscopiques ou microscopiques, se produisent. Ainsi conçu, il est le contenant de la matière-énergie (contenu). Sa seule caractéristique est le vide ou le néant. Il ne peut donc pas être courbé. L'espace-temps de la relativité restreinte concerne les mesures spatiales de corps rigides situés dans l'espace, en fonction de leur situation de mouvement ou de repos mais non le vide spatial. Il en est de même pour le temps de la relativité restreinte qui concerne non pas le temps mais les mesures temporelles des horloges au repos ou en mouvement. Les géodésiques de la Relativité Générale sont les trajectoires, courbées par la présence de matière-énergie, des particules d'épreuve dans un espace physique vide mais non pas de cet espace vide. L'espace quantique ne peut être considéré comme un espace physique vide puisqu'il est rempli de fluctuations quantiques et de particules virtuelles. Le modèle probabiliste ananthropique de l'univers propose un modèle temporaliste ananthropique où l'espace physique vide, cadre des phénomènes, est rempli par les gravitons, source de la gravitation temporaliste à portée finie. Les géodésiques de la Relativité Générale décrivent les trajectoires minimales, c'est-à-dire probabilistes, des

particules d'épreuve, courbées par la perturbation du champ gravifique temporaliste engendrée par la présence de matière-énergie et non la courbure de l'espace. L'auteur propose que l'effet Casimir, l'effet Pioneer et la masse noire soient des conséquences naturelles de l'existence du champ gravifique temporaliste (Chapitres IX et X : La gravitation temporaliste <http://site.voila.fr/nobigbang>).

3) Dans son modèle temporaliste ananthropique <http://site.voila.fr/nobigbang> (Chapitre VII : Le concept de temps) fondé sur l'hypothèse de l'asymétrie fondamentale du temps, l'auteur propose un concept de temps fondé sur une interprétation nouvelle du décalage spectral des galaxies lointaines. Ce temps To = 1 / Ho (constante de Hubble) a été établi <u>théoriquement en 1962</u> par l'auteur. Sa valeur est égale à 4,5546 10^17 secondes soit environ 14,43 milliards d'années. Les dernières données fournies par WMAP 5 (Table 7 – Cosmological Parameter Summary – 2008) indiquent Ho = 71,9 (+ 2,6 – 2,7) km/s/Mpc (soit Ho ~ 69,2) et to = 13,69 (+ - 0,13) milliards d'années. Le projet SDSS (Sloan Digital Sky Survey), avec l'étude du décalage spectral de 221.414 galaxies, ne modifie pas cette estimation.

4) Le postulat de la Relativité Restreinte de la constance de la vitesse de la lumière dans le vide c et de sa valeur limite dans la vitesse de transmission des phénomènes physiques ne peut être transgressé sans validation physique.

5) Les modèles qui envisagent la création de matière-énergie et d'espace-temps ex-nihilo soit à l'instant zéro du Big Bang, soit de façon continue (univers stationnaire), soit à une époque Pré-Big Bang violent le Principe de conservation de l'énergie et le Principe de Réalité. Ils ne sont pas " falsifiables " et sont la conséquence du concept d'expansion de l'univers, interprétation hypothétique du décalage spectral des galaxies lointaines contestée par le modèle temporaliste. L'expansion cosmologique, c'est-à-dire de l'espace, qui entraîne les galaxies, est contradictoire avec la conception d'un <u>espace physique vide qui ne peut ni être courbé ni a fortiori en expansion.</u>

6) Le concept de finalité, qui concerne essentiellement les sciences biologiques, établit une dichotomie dans la description des organismes vivants et de la matière inanimée, sans aucune aucune justification théorique ou scientifique. Les concepts mêmes d'organes, de fonctions, d' " avantages ", d' " adaptations " et de " sélection naturelle " impliquent des considérations utilitaires et des jugements de valeur incompatibles avec le

statut ananthropique. Un modèle probabiliste de l'évolution biologique exempt de toute finalité est proposé : <http://site.voila.fr/dinosaurs>

7) Le concept d'optimisation ou d'efficacité maximale existe dans de nombreuses sciences physiques ou biologiques. Ce concept apparaît, en dernière analyse, comme la traduction, anthropique, du concept ananthropique de probabilité dominante ou prépondérante.

8) Le Second Principe de la Thermodynamique qui minimalise, par la probabilité, l'évolution de l'ordre dans un système fermé hors d'équilibre est un concept d'optimisation et donc, en dernière analyse, un concept de probabilité.

Chapitre V

Preuves et arguments du modèle probabiliste ananthropique de l'univers

L'application de la théorie des probabilités et de la loi des grands nombres aux phénomènes des différentes échelles de la nature se retrouve naturellement dans les domaines scientifiques qui les étudient. C'est, naturellement, dans les sciences "dures" que l'indéterminisme apparaît avec le plus d'évidence : physique, astrophysique, cosmologie, etc... mais, comme on le verra plus loin, également dans d'innombrables modèles probabilistes dans les multiples disciplines des sciences biologiques, dans les mathématiques, et, beaucoup moins apparent, dans les sciences sociales et humaines.

Les phénomènes, physiques ou biologiques, où apparaît le processus d'économie ou d'optimisation, c'est-à-dire où le mouvement, l'énergie ou l'action sont optimaux ou minimaux, relèvent, on l'a vu plus haut, de la théorie des probabilités. Leurs chances mathématiques ou leurs probabilités de se produire étant élevées, ils se produisent.

Physique :

L'interprétation de la mécanique quantique et, plus largement, de la physique quantique est difficile et controversée. Elle repose sur un certain nombre de postulats indémontrables mais dont la validité est opérationnelle. L'équation d'onde probabiliste de Schrödinger et les relations d'incertitude ou d'indéterminisme d'Heisenberg en constituent les paradigmes majeurs. Ainsi que le quantum d'action minimale de Planck h-bar. Comme nous l'indiquons au chapitre précédent, les dernières données fournies par WMAP 5 (Table 7 – Cosmological Parameter Summary – 2008) indiquent Ho = 71,9 (+ 2,6 – 2,7) km/s/Mpc et to = 13,69 (+ - 0,13) milliards d'années. Le projet SDSS (Sloan Digital Sky Survey), avec l'étude du décalage spectral de 221.414 galaxies, ne modifie pas cette estimation.

Comparons la valeur observationnelle et la valeur théorique de Ho : 69,2 Km/sec/Mpc (71,9 – 2,7) pour la première et 67,71 Km/sec/Mpc pour la seconde, soit un écart de 2,16 %. Cet écart est négligeable si l'on considère la marge d'incertitude des données de WMAP 5 : de 3,2 % (+2,6) à 3,75 % (-2,7). Ajoutons que la valeur de Ho fournie par WMAP 5 intervient après 80 années de recherches et de rectifications dont 69,2 Km/sec/Mpc est la mouture la plus récente mais sûrement pas la dernière alors que la valeur théorique proposée par l'auteur, dès 1962, Ho = 67,71 Km/sec/Mpc, n'a plus jamais bougé. La valeur de la constante de Hubble Ho fournie par la NASA est le résultat de très nombreuses observations cosmologiques et du travail acharné d' une multitude de chercheurs mais, en raison même de la nature des observations, la précision des résultats ne peut être que relative (comme par exemple la distance des corps célestes lointains, étoiles, galaxies ou amas de galaxies) alors que la valeur de la constante Ho, établie théoriquement et proposée par l'auteur est très précise car elle est fondée sur la précision des constantes universelles et/ou quantiques qu'il utilise (c, G, h, e).

De la loi de Hubble v = Ho x d où v = vitesse de récession en km/sec, Ho = constante de Hubble en km/sec/Mpc et d = distance en Mpc, on tire Ho = v / d = 69,2 km/sec / 3,084 10^{19} km (3,15576 10^7 sec x 10^6 x 3,26 x 2,997925 10^5 Km/sec) = 2,243 10^{-18} sec. Si l'univers a une très basse densité de matière, ce qui est le cas, l'âge de l'univers est égal à 1/Ho soit to = 1 / 2,243 10^{18} sec = 4,458 10^{17} sec. soit environ 14,12 milliards d'années. Les écarts avec les valeurs obtenues par l'auteur sont, comme pour les valeurs de Ho, de l'ordre de 2,15 % (Ho = 67,71 Km/sec/Mpc et To = 4,5546 10^{17} sec), c'est-à-dire dans la fourchette des incertitudes.

Le temps To de l'univers temporaliste est un temps limite du décalage spectral du photon (similaire à sa vitesse limite c). Il ne constitue en rien un " âge " de l'univers. Dans le modèle temporaliste ananthropique, il n'existe pas de temps absolu. On doit concevoir des durées relatives aux divers phénomènes ou systèmes (durée d'évolution d'étoiles, de galaxies, d'amas de galaxies, etc…), sans limites déterminées. < http://site.voila.fr/nobigbang> (Chapitre VII : Le concept de temps).

<u>Concepts probabilistes :</u>

1   Ho est la pierre angulaire de tous les phénomènes physiques microscopiques. Le concept de niveau fondamental minimal d'énergie (état non excité de l'atome) y joue également un rôle important.

2. L'interprétation de la physique quantique, qu'on retrouve dans ses aspects les plus significatifs, est probabiliste (équation de Schrödinger – principe d'incertitude de Heisenberg).

3. Selon la théorie de la Relativité Générale une particule d'épreuve décrit une trajectoire optimale ou minimale (géodésique) dans un espace quadridimensionnel (l'espace-temps) courbé par la présence de matière-énergie. Que l'espace-temps ou que la trajectoire dans l'espace-temps soit courbée par la matière-énergie, cette trajectoire est minimale. La plus courte distance ou géodésique de la Relativité Générale est un concept anthropique d'optimisation qui est, comme nous l'avons vu plus haut, en dernière analyse, la traduction, anthropique, du concept ananthropique de probabilité dominante ou prépondérante.

4. Comme la géodésique en Relativité Générale, le Second Principe de la Thermodynamique qui minimalise, par la probabilité, l'évolution de l'ordre dans un système fermé hors d'équilibre est un concept d'optimisation c'est-à-dire de probabilité prépondérante (Poincaré).

5. Dans la mécanique statistique de Boltzmann, qui est à la base de la théorie cinétique des gaz, la troisième hypothèse fondamentale indique que " l'état du gaz en équilibre est celui qui correspond à la probabilité maximum ".

6. Le principe de moindre action de Maupertuis, fondamental dans toute la physique classique énonce que l'action est minimale dans tous les phénomènes physiques. Ce principe a été appliqué par Feynman à la physique quantique. Hildebrandt a, de même, énoncé un principe de moindre action quantique.Ces principes de moindre action sont, comme nous l'avons vu plus haut, la traduction, anthropique, du concept ananthropique de probabilité dominante ou prépondérante.

7. En optique, selon le principe de Fermat, le chemin emprunté par la lumière pour se rendre d'un point à un autre est celui pour lequel le temps de parcours est minimum. On peut l'énoncer également en disant que la longueur entre ces 2 points est minimum. Ces minima constituent, également, la traduction, anthropique, du concept ananthropique de probabilité dominante ou prépondérante.

Planétologie :

Le ratio actuel 3/2, rotation / orbite de la planète Mars correspond à une probabilité de stabilité à cette résonance de 55 % (A. Correia et J.Laskar, Nature 2004).

Sphères : la majeure partie des étoiles ou des planètes est constituée de sphères. On sait que la sphère est la forme géométrique qui minimise la surface d'un objet de volume donné.

Sciences biologiques :

Comme nous l'indiquons plus haut, les recherches avancées dans les sciences biologiques actuelles privilégient de plus en plus des modèles probabilistes, au détriment des modèles strictement déterministes :

1. Lois de Mendel : dans ces lois, qui ont donné naissance à la génétique moderne, dans les cellules sexuelles, les deux composantes d'origine mâle et d'origine femelle, de chaque caractère, se dissocient et, dans la fécondation, les composantes de chaque origine s'unissent au hasard, c'est-à-dire de manière probabiliste, pour chaque caractère.

2. Génétique : Les mutations des gènes, supports de l'évolution biologique, se produisent de manière probabiliste.

3. Cycle de Kreps : Rappelons l'efficacité maximum du cycle de Kreps dans la production d'énergie dans les cellules aérobies : « par la glycolyse et la voie fermentative, les cellules anaérobies fabriquent, à partir du glucose, 2 molécules d'A.T.P., alors que la même réaction, se poursuivant par la respiration dans les cellules aérobies, produit 32 molécules d'A.T.P. (phosphorylation oxydative du cycle de Krebs) soit 16 fois plus d'énergie » (Mason 1992, Robert J.Huskey 1998).

4. L'auteur propose un modèle probabiliste de l'évolution biologique qui intègre la théorie darwinienne, avec une interprétation nouvelle qui respecte le caractère ananthropique de la nature : Un modèle probabiliste de l'évolution biologique <http://site.voila.fr/dinosaurs>. Ce modèle propose 3 exemples probabilistes de l'évolution biologique : 1) 5 extinctions de masse (avec les causes de la mort des Dinosaures à la frontière K/T), 2) l'hominisation 3) l'augmentation de la PO2 PAL.

5. L'expression des gènes a longtemps été présentée comme un processus déterministe. Aujourd'hui, ce paradigme déterministe est infirmé par de nombreux arguments expérimentaux en faveur d'un mécanisme probabiliste de l'expression des gènes. Les données cellulaires sont renforcées par un nombre croissant d'études effectuées au niveau moléculaire. La vie d'une cellule serait fondée sur des mécanismes probabilistes dus à des interactions moléculaires non spécifiques où le <u>hasard brownien joue un rôle prépondérant</u> (Jean-Jacques Kupiec 2005 – Paldi – 2003).

6. Dans tous les domaines des recherches biologiques, les modèles probabilistes s'imposent, aujourd'hui, avec les <u>outils probabilistes</u>, méthodes bayésiennes, chaînes cachées de Markov, lois des grands nombres, méthode de Monte-Carlo. Ci-dessous, quelques exemples extraits des innombrables modèles probabilistes actuels :

Probabilités et biologie :

Biological Sequence Analysis: Probabilistic Models of Proteins and Nucleic Acids (with hidden Markov Models) (Richard Durbin, Cambridge University Press 1999-07-01)
Probabilistic modeling of biological data (Pierre Baldi ICS 277B – A unified Bayesian probabilistic framework for modeling and mining biological data ...)
Statistical Methods in Bioinformatics (probability and statistics in the bioinformatics context – Warren J. Ewens, Gregory R. Grant – Springer April 20, 2001)
L'analyse des séquences biologiques par Chaînes de Markov cachées (HMM), (Bernard Prum 1999)
Learning Probabilistic Relational Models Nir Friedman (with Bayesian networks BNs) (Koller and Pfeffer - Stanford University 1998)

Cerveau :

Cerveau, chance et chaos (Henri Korn – Université de tous les savoirs 21.10.2002)
Réseaux causaux probabilistes à grande échelle : un nouveau formalisme pour la modélisation du traitement de l'information cérébrale (Vincent Labatut – Inserm u455 – 2 Mars 2004).

OMEGA : calcul probabiliste de modèles de l'activité électrique des neurones (Denis Talay – INRIA – 2005)
Probabilistic brain atlases (Paul Thompson – UCLA Medical Center)
A probabilistic Framework for Region-Specific Remodeling of Dendrites in Three-Dimensional Neuronal Reconstructions (Narayanan – Narayan – Chattarji – National Centre for Biological Sciences – Bangalore – India – Neural Computation 2005)

Genome:

Regulation of Genome Expression (probabilistic models of genome regulatory networks – Richard A. Young – MIT)
Expression des gènes et cancer : une question de probabilité ? (Jean-Jacques Kupiec – INSERM – 2005)
Bayes Networks and Graphical Models in Molecular Biology (MIT – Boston University Biocomputing Research – Graphical models at Kevin's site at MIT : Protein Modeling (Hidden Markov Models); System Biology, Functional Genomics, Gene Expression Analysis, Protein Protein Interaction (Bayes Networks); Gene Expression (Microarray) Analysis, Networks, Pathways (Bayesian Network); Biological Data Integration (Bayesian Framework); Protein Protein Interaction and Functional Annotation (Markov Random Field Approaches); DNA Sequence Analysis (Bayes Networks); Genetics, Phylogeny Linkage Analysis (hidden Markov phylogeny)
Probabilistic Models in Computational Molecular Biology (Stanford University, Stanford, CA – 2000)
Rich probabilistic models for genomic data (Eran Segal – August 2004)
A probabilist theory for cell differenciation (J-J Kupiec – 1986)
Probabilistic discovery of overlapping cellular processes and their regulation (Annual conference on Research in Computation Molecular Biology – Alexis Battle, Eran Segal, Daphne Koller – Stanford University, Stanford, CA)
Probabilistic models of Proteins and Nucleic Acids (HMMs – Durbin-Cambridge, Eddy-Washington University, Krogh-Lyngby-Denmark, Mitchison – 1998)
Probabilistic code for DNA recognition by proteins of the EGR family (Benos, Lapedes, Stormo - J Mol Biol. 2002 Nov 1)
Recognizing complex, asymmetric functional sites in protein structures using a bayesian scoring function (Wei, Altman – Journal of Bioinformatics and Computational Biology)
A probabilistic view of gene function (Fraser, Marcotte – Nature Genetics – 27 May 2004)

Differential Proteomics via Probabilistic Peptide Identification Scores (Colinge, Chiappe, Lagache, Moniatte, Bougueleret – Anal. Chem. 2005)
A probabilistic functional network of yeast genes (Lee, Date, Adai, Marcotte – Science 2004 Nov 26)

Chimie - Biochimie:

Amazing cellular biochemistry in terms of molecular networks (computational approaches within Bayesian formalism – Xia, Yu, Jansen, Seringhaus, Baxter, Greebaum, Zhao, Gerstein – Annual Review of Biochemistry – July 2004)
A Thermodynamic-Probabilistic Analysis of Diverse Homogenous Stoichiometric Chemical Reactions (Garfinckle – J. Physical Chemistry 2002)

Populations:

Theory of Probability (Chance plays a major role in the dynamics of a population – Joe Romano – Biomathematics 2005)
Stochastic models for biological populations – Genealogies and spatial structures (Birkner and all. – Dutch-German Bilateral Research Group "Mathematics of random spatial models from physics and biology")

Divers :

John Gosline (1984) a prouvé que c'était un arrangement stochastique des chaînes amorphes de protéines qui donne à la soie des araignées ses propriétés uniques (4 fois plus solides que l'acier)
Biased random walk (biochemistry) enables bacteria to search for food and flee for harm (Wikipedia)
Perception active des formes 3 D dans le cadre d'un modèle bayésien (Jacques Droulez –CNRS – Collège de France – 8 Décembre 2004)
A Probabilistic Approach to Large-Scale Association Scans: A Semi-Bayesian Method to Detect Disease-Predisposing Alleles (Steven J. Schrodi - Statistical Applications in Genetics and Molecular Biology – November 1, 2005)

Understanding the LDL receptor Structure through Probabilistic Models (using HMMs of the LDL receptor – MIT Computational Biophysics Laboratory – October 2005)
A Web-Based System for Public-Private Sector Collaborative Ecosystem Management (construction of probabilistic models of ecosystems processes – Timothy C. Haas – University of Wisconsin-Milwaukee)
Probabilistic Basecalling (Speed, Li, Nelson, Cawley – University of California, Berkeley – January 1999)
A probabilistic analysis of a greedy algorithm arising from computational biology (Daniel G. Brown – Cornel University)
A probabilistic model of mosaicism based on thee histological analysis of chimaeric rat liver (Iannaccone, Weinberg, Berkwits – Northwestern University Medical School, Chicago II)

Mathématiques :

Le hasard n'est pas absent de cette branche "pure" des recherches scientifiques :
« Ces concepts de hasard et d'imprédictibilité, qui sont fondamentaux en physique classique et en physique quantique, sont aussi au cœur des mathématiques pures « (Chaitin – La Recherche Décembre 2004 N° 381)

« ... Il semble bien que les décimales de μ (Pi) apparaissent de façon aléatoire : ceux qui ont cherché des régularités dans la répartition des décimales n'ont rien trouvé, même avec des tests statistiques très poussés » (Simon Plouffe – La Recherche - Décembre 2005 – N° 392)

Sciences sociales et humaines:

Assurances : Pour prévoir les évolutions de nombreuses données, taux d'intérêt, croissance du PIB, évolution du taux de fécondité, etc... ou pour établir le montant des primes, en fonction des différents risques (incendie, vie, divers), les actuaires appliquent la théorie des probabilités.

L'utilisation croissante, dans de nombreux domaines, de statistiques, atteste de l'importance accordée par les chercheurs à la théorie des probabilités et la loi des grands nombres.

Chapitre VI

Conclusions

Résumé

Notre recherche nous a conduit à rejeter la causalité et son déterminisme absolu qui ne traduisent pas la réalité des phénomènes. Ces derniers n'ont pas de causes uniques déterminées mais se produisent lorsqu'un certain nombre de conditions sont remplies (réactions nucléaires dans une étoile à partir d'une certaine température et d'une certaine masse, gènes nucléaires dans les cellules eucaryotes, etc...). Les lois indiquent la façon dont l'influence prépondérante, c'est-à-dire probabiliste, de certaines conditions se manifeste, parmi une multitude d'autres conditions.

S' " Il est incompréhensible que l'univers soit compréhensible" (Einstein), c'est essentiellement parce que nous utilisons l'être humain comme étalon de nos connaissances, ce qui aboutit nécessairement à des concepts anthropiques. Nous avons tenté, par une analyse critique de différents concepts (d'espace, de temps, de vitesse limite c, de principe de conservation de l'énergie, de finalité, d'optimisation et du Second Principe de la Thermodynamique) de montrer le caractère anthropique de nombre d'entre eux. Nous avons proposé de conférer à certains d'entre eux un statut ananthropique (l'espace, le temps, l'optimisation, la finalité, etc...). Le statut ananthropique d'un concept est son indépendance vis-à-vis de l'étalon humain. Il doit répondre à un certain nombre de critères rigoureux : il doit être neutre et objectif vis-à-vis de la nature, sans biais utilitaire ou finaliste et sans jugement de valeur (avantage darwinien); il doit respecter l'esprit critique et exclure les spéculations invérifiables (pré-Big Bang , univers parallèles) ; il ne doit pas violer le Principe de réalité et respecter les critères de « falsifiabilité » de Popper et de « faits observables » d' Einstein (vitesse supraluminique, action instantanée) ; il ne doit pas être contradictoire et confus (vide ou néant quantique rempli de particules virtuelles; espace-temps einsteinien ou néant courbé par la matière-énergie).

Le rejet de la causalité et de son déterminisme absolu et l'analyse critique des concepts anthropiques nous ont conduits à proposer un modèle probabiliste ananthropique de l'univers. Ce modèle propose une approche nouvelle de la gravitation où l'espace physique vide, cadre des phénomènes, est rempli par un champ de gravitons, source de la gravitation temporaliste à portée finie. <http://site.voila.fr/nobigbang> (Chapitre XII : La gravitation temporaliste).

La première conséquence du modèle probabiliste ananthropique de l'univers est la réfutation de l'expansion de l'univers et de tout ce qui s'y rattache, Big Bang, inflation, naissance de l'univers, etc...

Dans le domaine des sciences biologiques, les concepts mêmes d' « organes », de « fonctions », d' " avantages ", d' " adaptations " et de " sélection naturelle " impliquent des considérations utilitaires et des jugements de valeur incompatibles avec le statut ananthropique. Le modèle probabiliste ananthropique de l'univers propose un modèle probabiliste de l'évolution biologique qui intègre la théorie darwinienne, avec une interprétation nouvelle de la sélection naturelle, qui respecte le caractère ananthropique de la nature : Un modèle probabiliste de l'évolution biologique <http://site.voila.fr/dinosaurs>

Le modèle probabiliste ananthropique de l'univers propose un certain nombre de preuves et arguments (Chapitre V) :

Dans les sciences physiques : la physique quantique est dominée par le probabilisme (équation d'onde probabiliste de Schrödinger, relations d'incertitudes d'Heisenberg) ; le Second principe de la Thermodynamique; la mécanique statistique de Boltzmann, à la base de la théorie cinétique des gaz, où la troisième hypothèse fondamentale indique que " l'état du gaz en équilibre est celui qui correspond à la probabilité maximum" ; l'interprétation ananthropique des géodésiques de la Relativité Générale, du principe de Fermat, du Principe de moindre action classique de Maupertuis et quantique d'Hildebrandt.

En planétologie, le ratio actuel 3/2 rotation / orbite de la planète Mars correspond à une probabilité de stabilité à cette résonance de 55 %; la majeure partie des étoiles ou des planètes est constituée de sphères, alors qu'on sait que la sphère est la forme géométrique qui minimise la surface d'un objet de volume donné.

Dans les sciences biologiques, les lois de Mendel sont des lois probabilistes; en génétique, les mutations des gènes, support de l'évolution biologique, se produisent de manière probabiliste; le cycle de Kreps est un processus d'optimisation c'est-à-dire probabiliste. La vie d'une cellule serait fondée sur des mécanismes probabilistes dus à des interactions moléculaires non spécifiques où le hasard brownien joue un rôle prépondérant. Le modèle probabiliste de l'évolution biologique, proposé par l'auteur : Un modèle probabiliste de l'évolution biologique <http://site.voila.fr/dinosaurs>

propose 3 exemples probabilistes de l'évolution biologique : 1) 5 extinctions de masse (avec les causes de la mort des Dinosaures à la frontière K/T), 2) l'hominisation 3) l'augmentation de la PO2 PAL.

Dans les sciences sociales et humaines, toutes les assurances sont fondées sur l'application de la théorie des probabilités par les actuaires.

Le modèle probabiliste de l'univers n'est pas un modèle réducteur. Il substitue simplement à la causalité et au déterminisme absolu le hasard, défini comme la probabilité. La présence du hasard, dans les phénomènes de l'univers, engendre leur complexité. Les évènements, dont la probabilité ou les chances sont très faibles, se produisent peu ou pas du tout et, vice-versa, se produisent ceux dont la probabilité ou les chances sont élevées. Les " lois " de l'univers ne sont donc que l'expression du hasard, s'appliquant à la structure complexe des éléments constituants de la nature (quarks, gluons, etc…ou supercordes), évoluant dans le cadre d'un espace rempli de gravitons. Les phénomènes sont des évènements car ils évoluent (décalage spectral du photon), sans temps absolu, mais avec des durées diverses et relatives.

Nous pouvons maintenant tenter de répondre à la réflexion d'Einstein : " Il est incompréhensible que l'univers soit compréhensible ".

Si nous voulons essayer de comprendre l'univers, il est nécessaire d'adopter une attitude ananthropique. Quelle place occupent les terriens dans l'univers observable aujourd'hui ? On estime le nombre de planètes à environ $10 \wedge 23$ à $2 \; 10^{\wedge}23$ = 200 milliards de galaxies constituées en moyenne de 200 milliards d'étoiles avec environ 5 à 10 planètes par étoile. La planète terre représente environ $1 / 10^{\wedge}23$ des planètes observables. Le cerveau humain, avec ses faiblesses et surtout ses a priori, serait l'étalon adéquat pour décrypter l'univers où il vit ! Quelle prétention ou quelle absurdité ! C'est l'anthropocentrisme à la puissance $10^{\wedge}23$!

Nous avons analysé, au chapitre III, différents concepts anthropiques et ananthropiques. Nous avons vu que, pour " comprendre " l'univers, il était nécessaire de débarrasser les concepts anthropiques de leurs biais. Seuls des concepts ananthropiques sont susceptibles de nous aider à " comprendre " et non plus à " connaître " l'univers. La nécessité de la nature ananthropique des concepts est comparable à celle de l'objectivité dans la science.

Les concepts ananthropiques nous permettent de répondre à des interrogations anthropiques millénaires que les mythes et les religions ont obscurcies durablement :

Pourquoi le monde existe-t-il ?
Quand le monde a-t-il été créé ?
Le monde aura-t-il une fin ? Si oui, quand ?
D'où venons-nous ? Qui sommes-nous ? Où allons-nous ?

Ces interrogations existentielles ont reçu maintes réponses plus ou moins sophistiquées : métaphysiques, religieuses, littéraires ou poétiques, et même pseudo-scientifiques.

En réalité, ces questions ne comportent pas de réponses car elles n'ont aucune signification ananthropique. Ce ne sont que des questions anthropiques donc biaisées.

Pourquoi le monde existe-t-il ? L'existence du monde est un fait. Lui attribuer une signification est une attitude anthropique qui attribue une finalité à la nature. Cette question n'a aucune validité ananthropique. Elle n'a donc aucun sens et ne peut donc comporter de réponse. Cette interrogation est aussi absurde et sans réponse rigoureuse possible que, par exemple, la question suivante : les pommes sont-elles heureuses d'être vertes ?

Quand le monde a-t-il été créé ? Le monde n'a pas été créé. L'existence du monde est un fait. Jusqu'ici, jamais la science n'a observé de création de matière ou d'énergie, ou de quoi que ce soit, ex-nihilo. Pour quelle raison illogique ou spéculative l'univers y dérogerait-il ? La question de la création de l'univers est un concept essentiellement religieux et anthropique. Cette question n'a aucune validité ananthropique. Elle n'a donc aucun sens et ne peut donc pas recevoir de réponse.

Le monde aura-t-il une fin ? Et quand ? Le monde n'aura pas de fin. Le raisonnement est identique à celui de la création de l'univers.

D'où venons-nous ? Qui sommes-nous ? Où allons-nous ? Les questions existentielles que se posent les hommes relèvent d'une attitude émotionnelle purement anthropique. La nature, et l'homme est un élément de la nature, n'a aucune signification ni finalité. Ces questions n'ont aucune validité ananthropique. Elles n'ont donc aucun sens et ne peuvent donc pas recevoir de réponse.

Nous proposons cette réponse à la réflexion d'Einstein : " Il est incompréhensible que l'univers soit compréhensible " :

L'univers n'est pas gouverné par des " lois " causales, indépendantes, rationnelles et donc compréhensibles par l'intelligence des terriens. Il obéit à une loi unique, la loi du hasard, appliquée aux constituants de l'univers. Mais, comme nous l'avons indiqué au chapitre II, loin d'être un facteur de désordre et de chaos, comme on le croit généralement, le hasard, défini comme le domaine où s'applique la théorie des probabilités et la loi des grands nombres, est un facteur d'ordre et de prédictibilité des phénomènes. C'est ce qu'Einstein qualifie de " compréhensible ".

Notre analyse du biais anthropique de nombreux concepts de la science contemporaine va à l'encontre des modes de pensée actuels. En tout état de cause, c'est l'avenir, plus ou moins lointain, qui sera le véritable juge en la matière.

Nous allons examiner tour à tour les « preuves » du modèle standard du Big Bang et tout d'abord les 3 « piliers » censés établir la validité du modèle : 1) les décalages spectraux 2) le fond diffus cosmologique (CMB ou CMBR en anglais) 3) la nucléosynthèse primordiale. Nous procèderons ensuite à une analyse critique des nombreux concepts et problèmes afférents au modèle du Big Bang: : l'expansion et l'expansion accélérée de l'espace, les problèmes de l'homogénéité et de la platitude de l'univers, les théories inflationnaires, l'âge de l'univers, les grandes structures de l'univers (filaments, amas et superamas de galaxies, grands murs, grands vides), la singularité, la masse noire, l'énergie noire, les monopôles magnétiques, la constante cosmologique, etc...

Nous distinguerons soigneusement les faits et leurs interprétations. Comme nous le constaterons, très souvent, il y a un glissement ou un amalgame entre les faits et leur interprétation. Le premier exemple concerne les décalages spectraux. Les chercheurs n'ont jamais observé un phénomène de récession des galaxies ni d'expansion de l'espace. Ils ont observé et observent des décalages spectraux des galaxies lointaines. Ce sont les faits incontestables. Puis ces faits sont interprétés en récession de galaxies et expansion de l'espace-temps dans le modèle standard du Big Bang. Ces interprétations peuvent être contestées et le sont par d'autres théories. Bien d'autres interprétations ont été proposées : effets gravitationnels, effet Wolf entre 2 sources séparées, matière gazeuse dans l'espace (modèle Marmet 1989), Symmetric Theory (1997), théorie des masses variables (Halton Arp 1999), univers de plasma (Hannès Alfvén 1989), etc.. Ces différentes interprétations n'ont pas été retenues par la communauté des chercheurs.

Faute d'alternative, le modèle standard du Big Bang s'est imposé. Nombre de scientifiques l'ont accepté, par défaut. Ce qui n'implique en aucune façon qu'il soit exact.

QUATRIEME PARTIE

Le modèle standard du Big Bang

Voir Calculs : CHAPITRE XV   page 186

Chapitre VII

Les décalages spectraux et le modèle standard du Big Bang

La prédiction théorique de la constante Ho de Hubble

Les décalages spectraux et l'expansion de l'univers – Le modèle standard du Big Bang - Le concept de temps

Le modèle standard du Big Bang

Dans les années 1920, Hubble découvrit qu'au-delà de la Voie Lactée, les galaxies semblaient s'éloigner de nous avec une vitesse radiale proportionnelle à leur distance. Cette déduction provenait de l'observation des décalages spectraux des galaxies lointaines, attribués à l'effet Doppler. La constante de Hubble Ho donnait la mesure de cette récession des galaxies selon la loi v (vitesse en Km/sec) = Ho (en Km/sec/Mpc) x d (distance en Mpc - millions de parsecs).

En réalité, la constante de Hubble est plutôt un paramètre car sa valeur peut être variable.

Les décalages spectraux connus aujourd'hui sont considérables. La base de données IPAC de la NASA en recensait 153.000 (2001). Le projet SDSS (Sloan Digital Sky Survey), a déjà étudié le décalage spectral de plus de 221.414 galaxies.

On utilise plutôt les termes de vélocité radiale pour les mouvements Doppler tandis que les vitesses sont réservées aux effets cosmologiques. Actuellement, les décalages spectraux des galaxies lointaines sont considérés comme des phénomènes cosmologiques dus à l'expansion de l'univers.

En dehors de l'univers proche, les décalages spectraux sont dominés par l'expansion cosmologique. Dans le modèle Friedmann-Lemaître, la description mathématique de l'expansion cosmologique, les distances sont définies dans les termes de la métrique de Robertson-Walker qui est la description mathématique la plus générale pour un espace uniforme et homogène en contraction ou en expansion.

Le modèle standard du Big Bang découle des équations de la relativité générale et du principe cosmologique d'un univers homogène et isotrope. Les meilleures mesures de l'univers en expansion sont, aujourd'hui, les distances des étoiles variables Céphéides, la relation Tully-Fisher entre la vitesse de rotation d'une galaxie spirale et sa luminosité et les supernovae de type 1a (WMAP 5 2006 - 2008).

La densité de l'univers détermine sa forme géométrique et son destin. Einstein, pour obtenir un univers stable, proposa une constante cosmologique ou une densité d'énergie du vide. Lorsque Hubble démontra que l'univers était en expansion, Einstein rejeta sa constante cosmologique, affirmant qu'elle constituait la plus grave erreur de sa vie.

Actuellement, on considère que l'expansion s'est ralentie après le Big Bang puis qu'elle s'est ensuite accélérée, il y a environ 6 milliards d'années.

<u>Critiques</u> :

L'expansion de l'univers et la récession des galaxies ne sont pas des données observationnelles. Elles découlent d'une <u>interprétation</u> des décalages spectraux des galaxies lointaines. Bien d'autres interprétations ont été proposées mais n'ont pas été retenues.

Le modèle de l'auteur, le modèle temporaliste, fondé sur l'existence de la constante quantique To, propose une interprétation nouvelle des décalages spectraux et une alternative au modèle du Big Bang.

Le décalage spectral des galaxies lointaines est donc interprété, dans le modèle du Big Bang, comme un effet cosmologique dû à l'expansion de l'univers. Conformément à son hypothèse de travail, le modèle temporaliste l'interprète comme un phénomène <u>quantique et temporel</u> et non <u>cosmologique et spatial</u>. Selon le modèle temporaliste, le décalage spectral z des photons qui voyagent dans l'espace est le résultat (en dehors de toute interaction extérieure) de l'influence de l'asymétrie du temps et de l'existence de la constante temporaliste To, sur les paramètres des photons. Il n'a aucun rapport avec le concept de « lumière fatiguée ».

L'interprétation des décalages spectraux comme conséquence de l'expansion de l'univers et de la récession des galaxies repose sur des concepts contradictoires donc anthropiques de l'espace et du temps que nous avons examinés au Chapitre III. Rappelons les éléments essentiels de notre analyse précédente :

<u>1) Le concept physique d'espace et l'expansion</u>

Dans la théorie du Big Bang, les galaxies s'éloignent les unes des autres, avec une vitesse proportionnelle à leur distance et un décalage spectral dont la valeur dépend de celle de la constante de Hubble Ho. Ce décalage spectral est interprété comme un effet cosmologique dû à l'expansion de l'univers. Cette expansion de l'univers est conçue comme une dilatation de l'espace qui entraîne les galaxies (la comparaison habituelle est celle d'un ballon ou d'une hypersphère qui se dilate entraînant les objets à sa surface). L'origine de l'expansion est attribuée à différentes causes, le Big Bang (l'explosion primordiale), l'inflation, la constante cosmologique, l'énergie noire, la quintessence, l'instanton, etc... L'espace, dans la théorie du Big Bang, apparaît comme un concept ambigu. Est-ce un espace abstrait, mathématique ou réel et physique ? Est-ce le vide ? C'est-à-dire le néant ? C'est plutôt l'espace-temps de la Relativité Générale. L'ambiguïté est la même pour la Relativité Générale. Comment un espace physique vide, c'est-à-dire le néant, peut-il être en expansion ?

Le concept physique d'espace, dans la physique et la cosmologie contemporaines se révèle contradictoire. Le vide spatial quantique n'est pas vide puisqu'il est rempli de particules virtuelles. L'espace-temps de la relativité générale, en l'absence de matière-énergie, peut être considéré comme vide. Comment la présence de matière-énergie peut-elle courber physiquement un cadre vide ? Un cadre physique vide n'est ni plat ni courbe. Il n'a pas de dimension spatiale. La relativité générale est une théorie mathématiquement cohérente et physiquement validée. Sa valeur prédictive est, depuis longtemps, quotidiennement démontrée. Sa rationalité ne l'est pas. Il en est de même pour la mécanique quantique. Quant à l'expansion de l'univers, fondement du Big Bang, elle souffre du même handicap rationnel que la relativité générale.

Eu égard à son irrationalité, le concept quantique d'espace ou de vide, contradictoire, doit être considéré comme anthropique. Il en est de même du concept spatial relativiste qui courbe l'espace ou le vide et non les trajectoires dans cet espace ou ce vide. Il y a donc lieu de rechercher une conception ananthropique de l'espace, c'est-à-dire rationnelle et non contradictoire, qui intègre les résultats considérables et incontestables de la mécanique quantique et de la relativité einsteinienne. Un tel modèle est possible. C'est une approche de ce modèle que l'auteur propose dans son modèle temporaliste fondé sur l'existence d'une nouvelle constante quantique : To (<http://site.voila.fr/nobigbang>). Le modèle temporaliste, fondé sur cette nouvelle constante quantique To, propose une interprétation nouvelle des décalages spectraux et une alternative au modèle standard de la cosmologie, le modèle standard du Big Bang.

Cette interprétation considère le décalage spectral, comme nous l'indiquons plus haut, comme le résultat (en dehors de toute interaction extérieure) de l'influence de l'asymétrie du temps, c'est-à-dire de l'influence de l'existence de la constante quantique To sur les photons. Il n'a aucun rapport avec un concept de « lumière fatiguée ».

---

2) Le concept physique de temps

De même que pour l'espace, la Relativité Restreinte relativise le concept de temps absolu aristotélicien ou newtonien. Mais, de même que pour le concept d'espace, la Relativité Restreinte relativise non le temps mais les mesures du temps, c'est-à-dire les mesures temporelles des horloges, selon leur état de repos ou de mouvement. Ce fonctionnement relativiste des horloges de la Relativité Restreinte découle du même postulat de la constance de la vitesse de la lumière dans le vide. Néanmoins, la coordonnée de temps conserve sa direction privilégiée, du passé vers le présent et l'avenir, contrairement aux coordonnées d'espace. Cette direction privilégiée du temps, engendre un "cône de lumière" qui délimite les évènements observables de l'univers. La Relativité Générale conserve cette asymétrie temporelle.

La conception macroscopique du temps souffre, au premier abord, d'a priori religieux et métaphysiques millénaires essentiellement anti-scientifiques : création (de l'univers), cause première, cause finale, origine, divinités créatrices, mythes innombrables, etc... Ces a priori ont conduit la science, dans le passé, à des théories cosmogoniques purement anthropiques et à leur dernier avatar, le Big Bang, apparaissant ex-nihilo, et dont de nombreuses théories tentent de pallier les difficultés de la singularité initiale (inflaton, pré-Big Bang, etc...).

La physique quantique, qui a intégré la relativité restreinte dans l'électrodynamique quantique, n'a guère modifié le concept relativiste du temps. Elle l'a changé, dans un sens spatial, dans les diagrammes de Feynman, où l'orientation passé > avenir n'est plus privilégiée par rapport à l'orientation avenir > passé (particules et anti-particules). Les relations d'incertitude d'Heisenberg, en corrélant l'incertitude sur l'énergie et l'incertitude sur le temps ne donnent pas, non plus, de définition spécifique du temps. Si la relativité einsteinienne met bien en valeur (cône de lumière) la flèche du temps passé > avenir, elle abolit la notion de temps pour le photon. Une horloge en mouvement ralentit. Une horloge se déplaçant à la vitesse de la lumière ralentirait infiniment. Le photon qui se déplace, dans le vide, à la vitesse constante de c est, selon la relativité einsteinienne, immuable. Pour lui, le temps disparaît et il se situe donc en dehors du temps.

Dans les théories des supercordes, l'univers serait composé de onze dimensions, dont sept dimensions spatiales, entortillées dans des espaces de Calabi-Yau et de quatre dimensions d'espace-temps visibles. Dans la dimension de temps, le photon ne vieillit pas. " A la vitesse de la lumière, le temps cesse de s'écouler " (Brian Greene 2000).

En dernière analyse, le temps est conçu, dans la physique contemporaine, comme une quatrième dimension spatiale de l'univers. L'asymétrie passé > avenir est le seul paramètre distinguant les dimensions spatiales de la dimension temporelle. Cette asymétrie, niée par Stephen W. Hawking est affirmée par Roger Penrose (1996). Si l'asymétrie disparaît du concept de temps, rien ne distingue plus la dimension temporelle d'une dimension spatiale.

Une expérience récente a néanmoins confirmé l'asymétrie du temps dans les particules élémentaires étranges (PLEAR 1998).

De multiples théories, essentiellement en cosmologie quantique, spéculent sur le concept de temps. La théorie de l'Instanton, de Hawking-Turok, extrêmement spéculative, conçoit l'Instanton comme un minuscule objet contenant à la fois sa propre gravité, la matière et son propre espace-temps et qui déclencherait un univers inflationnaire. Andreï Linde est très sceptique vis-à-vis de cette théorie qu'il juge plus médiatique que physique. Une question demeure sans réponse dans cette théorie : quelle est la cause de l'origine de l'instanton ? L'hypothèse inflationnaire d'Alan Guth et les multiples théories de pré-Big Bang (Gabriele Veneziano 1968 – 1991) sont essentiellement spéculatives et/ou quasiment invérifiables.

Dans la plupart des modèles cosmologiques, l'espace et le temps disparaissent avant le mur quantique (situé à 10^{-43} seconde) ou le Big Bang situé à l'instant zéro.

Le concept quantique ou relativiste de temps peut donc être considéré comme anthropique. Il y a donc lieu de rechercher une conception ananthropique du temps, c'est-à-dire qui ne viole pas l'esprit critique, qui intègre les résultats considérables et incontestables de la mécanique quantique et de la relativité einsteinienne et qui soit « falsifiable ». C'est ce que l'auteur propose dans son modèle temporaliste fondé sur l'hypothèse de l'asymétrie fondamentale du temps : (< http://site.voila.fr/nobigbang> Chapitre 5 : Le concept de temps).

3) Le décalage spectral z et la prédiction théorique de la constante

Ho de Hubble

Le décalage spectral z des galaxies lointaines est interprété, dans le modèle standard de la cosmologie, comme un effet cosmologique dû à l'expansion de l'univers. Le modèle temporaliste l'interprète, lui, comme un phénomène <u>quantique et temporel</u> et non <u>cosmologique et spatial</u>. Le décalage spectral z des photons, qui se déplacent dans l'espace, est le résultat (en dehors de toute intervention extérieure) de l'influence interne de l'asymétrie du temps, autrement dit, de l'existence de la constante temporaliste To, sur les paramètres des photons. Il n'a rien à voir rapport avec le concept de « lumière fatiguée ».

Lorsqu'un photon est émis par une source lumineuse lointaine, un électron optique d'atome dans une étoile par exemple, il se propage dans l'espace. Son énergie est caractérisée par sa fréquence de vibration : $E = h w$ (avec E énergie, h constante de Planck, w fréquence). Selon le modèle temporaliste, et contrairement à la formulation classique, l'existence de la constante To impose que cette énergie ne soit pas stable. Elle évolue de même que les paramètres qui lui sont liés. Si la durée de propagation est t, la perte d'énergie Å E sera telle que $E - E' / E = t / To$ (avec E énergie émise et E' énergie reçue). Si le photon perd de l'énergie (comme dans l'effet Compton), on en déduit les modifications de longueur d'onde : $z = y' - y / y = v / c = t / To$ (avec z décalage spectral, y longueur d'onde émise, y' longueur d'onde observée, v pseudo-vitesse de la galaxie, c vitesse de la lumière).

Examinons le décalage de la longueur d'onde z du photon, impliqué par l'existence de la constante To et tel qu'il apparaît dans le décalage spectral des galaxies lointaines. Un photon, émis dans une galaxie lointaine à l'instant Te, se propage dans l'espace et atteint l'observateur à l'instant Tr, dans le référentiel lié à l'observateur. Ce photon se propage pendant une durée Tr - Te = distance de la galaxie / c = t. Le décalage de longueur d'onde du photon z est égal à t / To. Nous constatons immédiatement que cette formulation du décalage des longueurs d'onde s'apparente à la formulation de l'effet cosmologique radial $z = vr/c$ (avec vr vitesse radiale). Dans le modèle temporaliste, la variation de la longueur d'onde d'un photon est proportionnelle au rapport entre la durée de propagation du photon et la constante To. Dans l'effet cosmologique radial, la variation de la longueur d'onde du photon est proportionnelle au rapport entre la vitesse radiale de la source lumineuse (par rapport à l'observateur) et la vitesse de la lumière. Dans les deux cas, il s'agit d'un rapport entre un paramètre (durée ou vitesse) et la constante physique limitative de ces paramètres, To ou c. Toutefois, dans les deux cas, la signification physique est très différente. Dans l'effet cosmologique, la source lumineuse est en mouvement et la longueur d'onde du photon, dans un référentiel lié au photon ne varie pas. L'effet cosmologique est un effet spatial. Dans le modèle temporaliste, l'allongement de la longueur d'onde du photon est un effet temporaliste dû à l'existence de la constante To. La source lumineuse est stationnaire et, dans un référentiel lié au photon, la longueur d'onde de ce dernier s'allonge. Il s'agit d'un effet temporel ou temporaliste, l'allongement de la vibration du photon qui se propage dans l'espace c'est-à-dire de sa longueur d'onde. Le "rougissement" temporaliste est considéré, dans le modèle standard du Big Bang, comme un effet cosmologique, d'ordre spatial, et interprété en récession des galaxies d'où une pseudo-vitesse rétrograde ou un "effet de fuite" des galaxies lointaines.

Selon le modèle temporaliste, l'existence de la constante temporaliste To se manifeste, dès l'émission du photon, par un rougissement (redshift) de sa longueur d'onde, sans intervention extérieure. Le modèle temporaliste ne nécessite pas, ainsi, pour l'explication du décalage spectral des galaxies éloignées, l'influence des différents modèles cosmologiques d'expansion de l'univers (FLRW).

Le décalage spectral des galaxies lointaines, interprété, dans le modèle du Big Bang, en effet cosmologique dû à l'expansion de l'espace, est également nié par le modèle temporaliste. L'effet cosmologique $z = vr / c$ est interprété dans le modèle temporaliste par $z = t / To$ avec z décalage spectral, vr pseudo-vitesse radiale, c vitesse de la lumière, t durée de translation du photon (ou distance / c) et To constante temporaliste.

Alors que dans le modèle du Big Bang, l'expansion ne commence qu'au-delà du système local de galaxies, dans le modèle temporaliste, le décalage spectral (ou effet de fuite) se produit dès l'émission d'un photon.

Nous n'avons pas tenu compte, dans le calcul du décalage spectral ou de l'"effet de fuite", de la correction relativiste. Or, aux vitesses élevées, ou plus précisément relativistes, c'est-à-dire voisines de celles de la lumière, le décalage spectral et l'"effet de fuite" sont différents, comme on le constate dans le spectre des quasars éloignés. Le décalage de longueur d'onde peut être de l'ordre de plusieurs fois la valeur originelle et l'"effet de fuite" de plusieurs fois c.

La correction relativiste des décalages de longueur d'onde et de la vitesse de récession des galaxies lointaines s'applique dans l'univers en expansion. Cela tient à la vitesse limite de la lumière, postulat accepté dans le modèle de l'univers en expansion de même que dans le modèle temporaliste, et du ralentissement des horloges qui en découle. Toutefois, la correction relativiste ne saurait jouer dans l'univers temporaliste car elle concerne des sources lumineuses en mouvement à des vitesses relativistes. Dans le modèle temporaliste, ce sont les radiations qui varient et les galaxies sont stationnaires. L'"effet de fuite" est ici un effet apparent et ne correspond pas à un effet cosmologique aux vitesses relativistes. Le décalage relativiste, aux grandes distances, ou aux grandes durées, demeure néanmoins un fait expérimental. Qui ne peut s'expliquer dans le modèle temporaliste par un effet relativiste puisque les sources lumineuses y sont stationnaires. Comment peut-on dès lors l'interpréter dans le modèle temporaliste ?

Dans le modèle de l'expansion, le décalage de longueur d'onde z aux vitesses non relativistes par effet cosmologique radial est donné par la formule $z = vr/c$. c est une vitesse dans le vide que ne peut dépasser aucune vitesse physique. C'est une constante limitative. Dans le modèle temporaliste, la constante To est, parallèlement, une constante limitative des durées. Le décalage de longueur d'onde aux durées faibles est donné par la formule $z = t / T_o$.

Les décalages temporalistes, aux durées temporalistes, sont similaires aux décalages relativistes aux vitesses relativistes. La différence essentielle entre le décalage relativiste et le décalage temporaliste des longueurs d'onde provient de l'origine du décalage. D'un côté, un facteur extérieur à la radiation, l'expansion de l'espace, de l'autre, l'effet temporaliste quantique interne à la radiation.

L'explication nouvelle du décalage spectral z des galaxies lointaines proposée par le modèle temporaliste a naturellement des implications cosmologiques considérables.

A la distance de 14,43 milliards d'années-lumière, après correction temporaliste, la longueur d'onde et l'"effet de fuite" deviennent infinis, ce qui implique une coupure dans l'espace observable. Au-delà de cette limite, l'univers qui, physiquement, se poursuit dans l'espace, ne nous est plus accessible. C'est l'horizon temporaliste. Dans le modèle d'expansion de l'univers, on aboutit à un horizon cosmique du même ordre de grandeur mais cet horizon est du genre <u>espace</u> alors que l'horizon temporaliste est du genre <u>temps</u>. L'univers n'a de limites, pour l'observateur, que celles que lui impose le décalage des longueurs d'onde des ondes électromagnétiques induit par la constante temporaliste c'est-à-dire $4,55456 \cdot 10.17$ sec dans le temps et environ $13,65 \cdot 10.25$ m dans l'espace. Il serait néanmoins hasardeux d'affirmer que les limites de l'univers observable coïncident avec celles de l'univers.

En résumé, les décalages spectraux des galaxies lointaines sont des phénomènes quantiques qui sont la conséquence de l'existence de la constante temporaliste To et non des phénomènes cosmologiques macroscopiques conduisant à un modèle d'expansion et au Big Bang.

Le modèle temporaliste conduit, naturellement, sans autre supposition, à proposer une <u>gravitation à portée finie</u> (< http://site.voila.fr/nobigbang > chapitre 9).

<u>Voir Calculs : CHAPITRE XV</u>   <u>page 186</u>

Chapitre VII : Les décalages spectraux

<u>Chapitre VIII</u>

<u>CONSEQUENCES ET FAIBLESSES DE L'INTERPRETATION SPATIALE DES DECALAGES SPECTRAUX</u>

LES TROIS PILIERS DU MODELE STANDARD DU BIG BANG

Le modèle standard du Big Bang repose sur un certain nombre de preuves ou soi-disant preuves, dont les plus importantes, aux yeux des scientifiques qui le soutiennent, sont dénommées les « Trois piliers » du modèle standard du Big Bang. Il s'agit des décalages spectraux (des galaxies lointaines), du fond diffus cosmologique et de la nucléosynthèse primordiale.

Nous allons analyser en premier lieu ces « trois piliers ». Nous pourrons constater que, contrairement aux affirmations péremptoires des partisans du modèle du Big Bang : 1) ces « preuves » n'en sont pas 2) qu'elles ne sont que des hypothèses 3) que ces hypothèses, non seulement sont fragiles, mais que, de surcroît, sont soutenues par des arguments très contestables.

Nous verrons que la première « preuve », la plus importante, les décalages spectraux, bien loin d'apporter une assise, un « pilier » au modèle standard du Big Bang, le dessert complètement.

L'argument des décalages spectraux, qui, historiquement, est le point de départ de la théorie du Big Bang a, malheureusement, conduit les cosmologistes sur une piste fausse et, par voie de conséquence, a engendré, comme nous allons le voir, des difficultés considérables et non résolues sur l'ensemble des concepts du modèle standard du Big Bang.

1) les décalages spectraux

Selon le modèle standard du Big Bang :

Dans les années 1920, les observations des spectres des galaxies éloignées par Vesto Slipher et Hubble ont montré que les spectres des galaxies présentaient des spectres décalés par rapport aux mêmes spectres observés en laboratoire. En 1929, Hubble a prouvé que le décalage vers le rouge des galaxies était d'autant plus important que la distance d'une galaxie était éloignée. Il en a conclu que l'ensemble des galaxies s'éloignait de la terre et qu'il s'agissait d'un effet de type Doppler-Fizeau. Le décalage spectral z ne dépassait pas 0,007 %. Hubble énonça alors, avec Milton Humason, la loi de Hubble : $v = H_o \times d$ avec v (vitesse de récession), H_o (constante de Hubble) et d (distance des galaxies).

Voir Calculs Chapitre XV - page 186

La vitesse de récession des galaxies, estimée à l'époque par Hubble, était de l'ordre de 500 km/sec/Mpc (H_o) et l' « âge » de l'univers (t_o) d'environ 2 milliards d'années.

Une radio source fut découverte en 1963, le quasar 3C 273. Son spectre optique z était décalé de 0,158 %. On estime actuellement la valeur de H_o (le facteur de proportionnalité de la pseudo-vitesse de récession des galaxies) à environ 68 km/sec/Mpc.

Depuis, de nombreux quasars ont été découverts et on atteint actuellement un décalage spectral z d'environ 10. On estime actuellement le décalage spectral du fond diffus cosmologique à z = 1100.

Le modèle standard du Big Bang, depuis les premières estimations de la constante de Hubble en 1929 (Ho = 500 km/sec/Mpc et to = 2 Milliards d'années) est parvenu, au fil des décennies, après de multiples rectifications et de très nombreuses observations de décalages spectraux, approximativement aux valeurs établies <u>théoriquement en 1962</u> par le modèle temporaliste c'est-à-dire Ho = 67,71 km/sec/Mpc et To = 4,5546 10^{17} sec (environ 14,43 milliards d'années).

Les interprétations des décalages spectraux des galaxies lointaines peuvent être attribuées principalement :

1) à l'effet Doppler-Fizeau (la source d'une onde se déplace par rapport à un observateur)

2) au décalage gravitationnel (variation d'énergie de la lumière lorsqu'elle est soumise à un champ de gravitation ou effet Einstein)

3) au décalage spectral cosmologique (ou redshift) interprété comme un effet de l'expansion de l'univers ou de la courbure de l'univers.

Bien d'autres explications ou interprétations ont été proposées, comme la variation de la vitesse de la lumière, le concept de « lumière fatiguée », etc... La seule interprétation retenue par les modèles cosmologiques dominants et le modèle standard du Big Bang est celle de l'expansion de l'univers.

Critiques :

Contrairement aux affirmations habituelles des partisans du modèle standard du Big Bang, les décalages spectraux des galaxies lointaines ne sont pas une <u>preuve</u> de la théorie du Big Bang. Il ne s'agit que d'une interprétation d'observations cosmologiques. Ces observations sont donc de simples <u>hypothèses</u> interprétées de façon favorable à une autre hypothèse, le modèle standard du Big Bang. Bien d'autres interprétations ou hypothèses ont été proposées. Aucune n'a été retenue. Ce qui n'implique pas la véracité de l'hypothèse du Big Bang qui n'est admise que « par défaut ».

Le modèle temporaliste propose une nouvelle alternative à l'hypothèse du Big Bang.

L'interprétation (l'hypothèse) des décalages spectraux des galaxies lointaines par le modèle standard du Big Bang entraîne de nombreuses anomalies et difficultés pour ce modèle (factuelles et théoriques). Nous en rappelons les principales. Les concepts d'espace et de temps, ainsi que le concept d'expansion de l'univers sont des concepts où géométrie et physique sont amalgamées et confondues. On invoque ainsi l'expansion de l'univers comme une expansion de l'espace, ce qui peut avoir une validité mathématique si le concept est cohérent, mais n'implique en aucune façon sa validité physique. Par contre, l'expansion de l'espace, considérée comme un concept physique, c'est-à-dire comme l'expansion du contenant des phénomènes et des évènements, c'est-à-dire le vide est un concept parfaitement contradictoire. L'espace ou l'espace-temps sont des concepts géométriques. Les attribuer à l'univers physique vide, c'est-à-dire au néant, c'est doter celui-ci de propriétés qu'il ne peut posséder, par définition. C'est, selon notre analyse, un concept purement anthropique.

L'interprétation des décalages spectraux en expansion de l'espace par le modèle standard du Big Bang a entraîné naturellement, de façon inéluctable, bien d'autres difficultés, d'ordre aussi bien théorique que factuel, que ne connaît pas le modèle temporaliste : l'origine de l'univers, la singularité primordiale, les infinis originels (température, densité, espace, etc...), les monopôles magnétiques, la cause de l'explosion primordiale, les multiples problèmes de l'homogénéité et de la platitude de l'univers, de la nucléosynthèse primordiale, de la densité critique, de l'âge de l'univers et de ses différentes structures (étoiles, nuages de matière, galaxies, amas et superamas de galaxies, structures filamenteuses, grandes structures et murs, grands vides, etc...), de la masse noire, de l'énergie noire avec les multiples hypothèses explicatives et leurs difficultés (constante cosmologique, énergie du vide, quintessence, etc...), des hypothèses inflationnaires, hautement spéculatives, qui cumulent, avec leurs violations multiples, sans aucune justification observationnelle, des lois physiques actuelles (vitesse exponentielle des évènements – inflation -, origine et arrêt brutaux arbitraires de l'inflation (injustifiés et injustifiables) de phénomènes spatiaux et temporels – énergie noire -, etc...). Bien d'autres difficultés, découlant directement des prémisses fausses de l'interprétation des décalages spectraux par l'expansion de l'espace forment un faisceau impressionnant de preuves de la fausseté du dogme actuel de la théorie du Big Bang.

Nous allons maintenant procéder à l'analyse critique d'un grand nombre de concepts du modèle standard de la cosmologie et des faiblesses que nous venons de citer et qui sont les conséquences <u>incontournables</u> du point de départ (des prémisses) d'un modèle établi sur des bases fausses, l'interprétation spatiale des décalages spectraux des galaxies lointaines.

Comme nous l'avons constaté plus haut, le concept dominant du modèle standard de la cosmologie, l'expansion de l'espace, qui découle de l'interprétation erronée des décalages spectraux des galaxies lointaines, est un concept anthropique, qui amalgame, de façon contradictoire, le cadre spatial vide, le contenant, et le contenu (les différentes caractéristiques de l'univers, atomes, nuages de poussières, structures plus ou moins importantes, planètes, étoiles, galaxies, amas et superamas de galaxies, grands vides, etc....). Cette interprétation, dérivée des équations de la relativité générale, peut revendiquer une validité mathématique. Celle-ci repose sur sa cohérence. Cela n'entraîne aucunement sa validité physique. La Relativité générale modifie la géométrie et déforme l'espace-temps de la Relativité restreinte de Minkowski en le dotant d'une courbure. Dans la Relativité générale, l'espace-temps est une variété dont la courbure s'identifie à la gravitation. La Relativité générale semble accorder des propriétés quasi matérielles à l'espace ou plutôt à l'espace-temps. Quelle peut être la signification d'un espace <u>physique</u> courbé par la matière-énergie ? S'il s'agit du vide, ce concept est contradictoire. On ne peut courber le néant. S'il ne s'agit pas du vide, cet espace <u>physique</u> a une réalité confuse. Ce n'est pas le vide et ce n'est pas le contenu de l'univers (la matière-énergie). On le voit, il y a un glissement permanent entre les concepts géométrique et physique de l'espace, entre le contenant et le contenu de l'univers. La courbure de l'espace-temps engendrée par la gravitation einsteinienne doit être interprétée comme une courbure des géodésiques, c'est-à-dire des trajectoires des particules d'épreuves, matière, étoiles, galaxies, etc...., se déplaçant dans l'univers et non comme une courbure du contenant (l'espace ou le vide). Seule cette interprétation <u>physique</u> de la gravitation einsteinienne est cohérente, non-contradictoire et donc ananthropique. Nous verrons, au Chapitre XII comment cette interprétation s'articule avec la gravitation temporaliste.

Il est remarquable de rappeler que, si l'expansion de l'univers est présentée comme découlant des équations de la Relativité Générale, Albert Einstein n'y a pas adhéré, et a même tenté de proposer une alternative, le concept de « lumière fatiguée ». Bien plus tard, il a renoncé à ce dernier concept.

Les différents phénomènes ou concepts rattachés au modèle standard de la cosmologie, le modèle du Big Bang, sont présentés par les chercheurs de ce modèle comme des preuves de sa validité. Nous constaterons que, le plus souvent, les tenants du modèle du Big Bang, mettent en avant ces soi-disant « preuves » du modèle mais éludent totalement ou minimisent les difficultés ou les contre-exemples. Nous pourrons constater, dans la majorité des cas, la substitution de l'interprétation des faits à leur observation neutre ou ananthropique : interprétation d'une expansion de l'univers substituée à l'observation des décalages spectraux, interprétation d'un rayonnement fossile et de fluctuations de densité de l'univers primordial substitués à l'observation du fond diffus cosmologique et de fluctuations de température de ce fond diffus cosmologique, etc....).

Les deux autres concepts du modèle standard du Big Bang, présentés comme des piliers de la théorie, sont : le fonds diffus cosmologique et la nucléosynthèse primordiale. Notre analyse critique de ces deux concepts permettra de constater que, comme le concept des décalages spectraux, ces deux concepts avancés comme des preuves du Big Bang substituent une interprétation des faits à leur observation neutre, sans préjudice d'autres difficultés plus spécifiques.

2) Le fonds diffus cosmologique

C.M.B. (Cosmic Microwave Background)

Selon le modèle standard du Big Bang :

Les fluctuations du fond diffus cosmologique ont été observées par le satellite Cobe (Cosmic Background Explorer) en 1992 puis par les ballons Archéops, Boomerang, Maxima et TopHat suivis du satellite WMAP 5 (Wilkinson Microwave Anisotropy Probe 2003 – 2008). Le satellite Planck, qui vient d'être lancé (Mai 2009), a une précision 50 fois supérieure à celle de WMAP 5.

L'existence du rayonnement cosmologique a été prédite, en 1940, par Ralph Alpher, Robert Herman et Gamow, comme une conséquence du modèle du Big Bang. Ils l'auraient prévue à nouveau en 1949.

En 1964, Arno Penzias et Robert Wilson découvrirent le fond diffus cosmologique, c'est-à-dire le rayonnement micro-ondes qui remplit uniformément l'univers. Ce fond diffus est un rayonnement de corps noir à la température moyenne de 2,725 degrés Kelvin.

Des différentes recherches, il se dégage :

1) le fond diffus cosmologique est un rayonnement fossile qui daterait de 380.000 ans après le Big Bang

2) une anisotropie dipolaire du rayonnement, par effet Doppler, due au mouvement de la terre

3) des fluctuations minimes du rayonnement avec des températures allant de 2,725 K et des fluctuations de l'ordre de 10^{-5}

4) la détermination, par l'étude des polarisations du rayonnement, de son origine soit inflationnaire, soit topologique (avec l'influence des ondes gravitationnelles et avec l'éventualité de cordes cosmiques)

5) le modèle de formation des structures des galaxies dans l'univers

6) l'origine des formations des premières structures des galaxies

7) la composition probable de l'univers : 4 % de matière baryonique, 24 % de matière noire, 72 % d'énergie noire accélérant l'expansion (constante cosmologique ? quintessence ?)

8) l'univers est spatialement quasiment plat

Critiques :

<u>1) Contrairement aux informations historiques diffusées par les partisans du Big Bang, l'existence du fond diffus cosmologique n'est pas une conséquence du seul modèle du Big Bang.</u> Sa prédiction avait été faite, sans utilisation du modèle du Big Bang, et souvent, bien avant Gamow par : Guillaume (1896), Eddington (1926), Regener (1933), Nernst (1933),

McKellar et Herzberg (1941), Finlay-Freundlich (1953) et Max Born (1953). Ces auteurs avaient prédit des températures allant de 1,9 à 6 K (André Koch Torre Assis et Marcos Cesar Danhoni Neves - 1995). De plus, la prévision, en 1953, par Gamow, d'un fond de rayonnement cosmologique à une température de 7 degrés Kelvin, était fondée sur un argument mathématique fallacieux (Weinberg 1980).

2) Le fond diffus cosmologique n'est pas une preuve de l'existence du Big Bang. Ce n'est, encore une fois, qu'une interprétation, corrélée avec un modèle hypothétique, le modèle du Big Bang, d'un phénomène factuel. Bien d'autres interprétations sont possibles, comme nous l'indiquons au paragraphe précédent. L'interprétation du fond diffus cosmologique n'est donc pas une preuve du modèle du Big Bang mais une nouvelle hypothèse qui n'a pas plus de validité que l'hypothèse de l'expansion de l'espace pour les décalages spectraux.

3) Selon le modèle du Big Bang, le fond diffus cosmologique est interprété comme un rayonnement fossile datant de 13,7 milliards d'années. Les variations de température du fond diffus sont de l'ordre de quelques dizaines de microkelvins soit 1 pour 100.000. Ces fluctuations de température du fond diffus sont interprétées comme des fluctuations de densité de l'univers primordial et les germes des galaxies et autres grandes structures de la matière dans l'Univers. Aucune preuve ne valide cette interprétation qui apparaît, de nouveau, comme une simple hypothèse et non comme une preuve.

4) L'hypothèse du fond diffus cosmologique, utilisée comme validation de l'hypothèse de l'existence du Big Bang, entraîne un certain nombre de difficultés :

a) La quasi-uniformité du fond diffus cosmologique pose le problème de l'horizon : pourquoi des régions de l'univers trop éloignées pour avoir été en contact par des signaux voyageant à la vitesse de la lumière sont-elles presque exactement à la même température ? Le modèle standard du Big Bang ne peut pas y répondre et n'y répond pas. Il suscitera, plus tard, pour y pallier, l'émergence d'une nouvelle hypothèse (voir le chapitre 5, ci-dessous et le Chapitre VIII – Les théories inflationnaires).

b) la petitesse des fluctuations du fond diffus cosmologique est insuffisante à justifier quantitativement la formation des galaxies et des grandes structures de l'univers.

c) la platitude de l'univers quasiment égale à sa densité critique n'a aucune justification

d) pourquoi l'univers est-il homogène et isotrope ?

5) Les diverses difficultés engendrées par l'interprétation du fond diffus cosmologique en soi-disant preuve du phénomène du Big Bang ont suscité de nouvelles hypothèses ad hoc, les modèles inflationnaires, <u>sans aucune assise expérimentale ou factuelle</u> et qui apportent des réponses, hautement et strictement spéculatives, comme nous le verrons dans le Chapitre VIII (Les théories inflationnaires).

6) A ces difficultés générales, s'ajoutent, au fil du temps, des difficultés ponctuelles. Ainsi, en Janvier 2009, la Mission Arcade dirigée par Alan Kogut de la NASA, a constaté que le fond cosmologique radio laissé par la « réionisation » du cosmos à la fin des « âges noirs » (un concept hypothétique spécifique au modèle du Big Bang) est 6 fois plus intense que prévu. A ce jour, aucune explication satisfaisante n'a pu être fournie pour cette discordance à ce concept hypothétique du Big Bang

En résumé, l'explication du fond diffus cosmologique et des théories hypothétiques inflationnaires qui s'y rattachent, s'apparentent plus à un raisonnement ptoléméen à épicycles qu'à un modèle scientifique rigoureux respectant les principes et les lois physiques actuels (principe de conservation de la matière-énergie, hypothèses « validées » ou « falsifiables », etc....) c'est-à-dire des concepts ou des propositions ananthropiques.

3) La nucléosynthèse primordiale

<u>Selon le modèle standard du Big Bang :</u>

Un des arguments majeurs du modèle du Big Bang est la synthèse des éléments légers quelques minutes après le Big Bang. C'est le modèle standard de la nucléosynthèse primordiale du Big Bang (Big Bang Nucleosynthesis). Cette nucléosynthèse primordiale, caractérisée par l'abondance primordiale des éléments légers, dépend des conditions initiales d'un seul paramètre libre, le ratio Eta baryon/photon. Ce ratio est actuellement estimé entre 4,5 et 4,9 10^{-10} (Trento 1997).

Dans les trois premières minutes suivant le Big Bang, les noyaux des éléments légers furent créés à partir des baryons : 2D, 3He, 4He et 7Li (Weinberg 1980). Les abondances actuelles de ces éléments, par rapport à l'hydrogène, sont : 2D = 4,9499624 E^{-5}, 3He = 1,3265581 E^{-5}, 4He = 0,24387701, 7Li = 1,8648816 E^{-10} (Craig Hogan - Luis Mendoza 1998). Les éléments plus lourds seront créés ultérieurement dans les étoiles.

La concordance des prévisions des abondances des noyaux légers à partir des hypothèses de base du Big Bang et des abondances actuelles de ces noyaux constitue un point fort de ce modèle. On doit indiquer qu'il existe de nombreuses versions de scénarios non-standard du Big Bang. Des milliers d'articles y ont été consacrés. Ils se basent sur des conditions initiales du Big Bang différentes du modèle standard (essentiellement le ratio baryon/photon mais également avec d'autres hypothèses comme des inhomogénéités, des propriétés non-standard des neutrinos, etc...). Néanmoins, tous ces modèles se fondent sur le modèle du Big Bang, mais avec des conditions initiales différentes.

Critiques :

1) Le titre même de ce concept, aussi bien en français qu'en anglais (explosion primordiale et Big Bang Nucleosynthesis) constitue une pétition de principe qui part des abondances actuelles des éléments chimiques, des <u>faits</u>, pour en déduire une <u>hypothétique</u> nucléosynthèse primordiale. Il ne s'agit donc, en aucune façon, d'une <u>preuve</u> mais bien d'une <u>interprétation</u>, à valider, de faits actuels avérés.

2) L'origine de la création du lithium, quelques minutes après le Big Bang, est controversée. Une origine inattendue du lithium a été découverte dans les géantes rouges d'une douzaine d'amas globulaires d'étoiles. Il proviendrait de la désintégration de l'isotope radioactif instable du béryllium 7. On trouve également du lithium dans d'autres étoiles géantes rouges de grande masse, à un stade tardif de leur évolution (Catherine Pilachowski 2001). On ignore d'ailleurs combien de lithium a été produit avant la formation des étoiles et combien a été détruit dans les étoiles.

3) Il y a discordance entre les valeurs prévues par le B.B.N. pour le deutérium 2D et les observations des chercheurs (Trento 1997). Les chiffres pour 4He seraient de $0{,}246 \pm 0{,}0014$ pour Burles et Tytler et de $0{,}234 \pm 0{,}002$ pour Olive, Steigman et Skillman (OSS 1999). Pour le ratio baryon/photon, les discordances seraient entre $5{,}1 \pm 0{,}5 \cdot 10^{-10}$ (Burles et Tytler) et $2{,}1 \pm 0{,}6 \cdot 10^{-10}$ (OSS).

4) Selon le modèle cosmologique standard, la densité baryonique, quelques secondes après le Big Bang, avait une valeur comprise entre $3 \cdot 10^{-10}$ et $5 \cdot 10^{-10}$. Selon la cartographie des fluctuations observées par la collaboration Boomerang (2000), dans le bruit de fond cosmologique datant de 380.000 ans après le Big Bang, la densité baryonique serait de $\underline{7{,}4 \cdot 10^{-10}.}$ Cette discordance remet en cause le modèle standard de la nucléosynthèse du Big Bang.

Tout l'hydrogène et une partie de l'hélium et du lithium contenus dans l'univers se seraient formés dans les cent secondes après le Big Bang. Les astrophysiciens prêtent une grande attention à la nucléosynthèse primordiale. C'est que le moindre résultat qui vient démentir les prédictions met en péril les modèles du B.B.

Les résultats entre les derniers calculs théoriques de nucléosynthèse et les données de WMAP 5 indiquent que les valeurs déduites du fond diffus cosmologique et les observations astrophysiques sont <u>concordantes pour le deutérium, simplement correctes pour le 4hélium mais tout à fait discordantes pour le 7lithium.</u>

- :- -

Les trois séries de phénomènes précédents : 1) les décalages spectraux, 2) le fond diffus cosmologique 3) la nucléosynthèse primordiale, sont considérés généralement comme les « trois piliers » essentiels qui soutiennent le modèle standard de la cosmologie. Nous venons de voir que, selon notre analyse, ces trois piliers, loin d'être enracinés dans le roc, reposent sur du sable :

Les décalages spectraux des galaxies lointaines sont interprétés comme dus à l'expansion de l'univers. Ces concepts ne sont pas des données observationnelles. Ils découlent d'une interprétation, c'est-à-dire, d'une hypothèse fondée sur des amalgames et des confusions entre des concepts géométriques et physiques de l'espace-temps. Le modèle temporaliste propose une alternative, validée, à l'interprétation des décalages spectraux.

L'interprétation du fond diffus cosmologique en preuve du modèle du Big Bang, loin d'être un soutien pour la théorie, accumule les problèmes pour le concept du Big Bang, comme nous l'avons vu plus haut : les problèmes de l'horizon, de la platitude de l'univers, de la densité critique, de l'homogénéité et de l'isotropie de l'univers, etc....

Les nombreuses difficultés de la nucléosynthèse primordiale que nous avons relatées plus haut avec la discordance majeure de l'abondance du 7lithium sont rédhibitoires pour la validité du concept de nucléosynthèse primordiale, hypothèse qui découle directement du paradigme du Big Bang.

Il faut noter que, malheureusement, dans la plupart des cas, dans l'exposition du modèle du Big Bang, on occulte les nombreux problèmes et les difficultés que rencontre la théorie : les soi-disantes « preuves » des décalages spectraux, qui ne sont, en réalité, que des interprétations, la prédiction du fond diffus cosmologique par de nombreux chercheurs, bien avant Gamow, et sa prévision , fondée sur un argument mathématique fallacieux (Weinberg 1980), les nombreuses discordances du concept de nucléosynthèse primordiale passées sous silence, etc...

Les décalages spectraux des galaxies lointaines, interprétés dans le modèle standard du Big Bang comme dus à l'expansion de l'univers, sont les prémisses d'où découlent tous les concepts du Big Bang. Si l'alternative temporaliste est exacte, nous pourrons constater, dans les analyses suivantes, que les concepts afférents au modèle du Big Bang éprouveront inévitablement les difficultés de ce dernier et que de nouvelles difficultés et donc de nouvelles hypothèses ad hoc, arbitraires, sans aucune assise expérimentale ou factuelle ni validation, au mépris des lois actuelles de la physique, seront nécessaires, telles les spéculations des théories inflationnaires.

- :-

Les théories inflationnaires

Selon le modèle standard du Big Bang :

Les conséquences des difficultés rencontrées par le modèle du Big Bang ont conduit à de nombreux nouveaux problèmes: le problème de l'horizon : pourquoi des régions de l'univers trop éloignées pour avoir été en contact par des signaux voyageant à la vitesse de la lumière sont-elles presque exactement à la même température ? ; la platitude de l'univers quasiment égale à sa densité critique n'a aucune justification ; pourquoi l'univers est-il homogène et isotrope ? D'où la création d'hypothèses ad hoc, entièrement spéculatives, les théories inflationnaires qui ont connu diverses versions ; la théorie de l'inflation élaborée par Alexeï Starobinsky fut développée par Allan H. Guth et Paul Steinhardt (1984 - 1998), Andy Albrecht, Andreï Linde (1994 - 2001).

Selon la théorie de l'inflation, l'univers visible est issu d'une région très petite et très chaude (10^{32} degrés Kelvin) de l'univers homogène qui s'est enflée 10^{-35} seconde après le Big Bang. Cette phase inflationnaire a duré 10^{-32} seconde pendant lesquelles l'expansion de l'univers a été d'un facteur de l'ordre de 10^{50} puis le Big Bang a poursuivi son évolution. L'explosion serait une conséquence de la densité d'énergie du vide qui provoquerait une gravité répulsive due à l'existence de la constante cosmologique Λ (cette constante fut tout d'abord ajoutée à ses équations par Einstein puis rejetée plus tard).

La théorie de l'inflation aurait le mérite de résoudre un certain nombre de problèmes posés par le modèle du Big Bang :

1) L'inflation extraordinaire de l'univers, à des vitesses bien supérieures à la vitesse de la lumière, à partir d'une région infime et homogène de l'univers résout le problème de l'horizon.

2) La platitude de l'univers avec une densité proche de la densité critique découle également du modèle inflationnaire.

3) Le problème des monopôles magnétiques : le modèle du Big Bang implique, pour la création des noyaux dans l'univers primordial, l'utilisation du modèle de la Théorie de Grande Unification (GUT) et la production de particules massives, les monopôles magnétiques. Il devrait en rester de nombreux aujourd'hui. Où sont ces monopôles magnétiques ? La réponse à cette question est, à nouveau, l'hypothèse des théories inflationnaires. L'absence actuelle des monopôles magnétiques s'explique par la dispersion rapide de ceux-ci pendant la phase inflationnaire.

4) Le modèle inflationnaire prévoit de faibles fluctuations du fond diffus cosmologique (de l'ordre de 10^{-5}) à l'origine de la formation des galaxies.

Critiques :

1) La théorie inflationnaire est un prolongement du modèle du Big Bang mais elle en est indépendante.

2) Le modèle inflationnaire, créé pour résoudre les problèmes du Big Bang ne repose sur aucun fait expérimental ou factuel. Son extrapolation considérable des lois de la physique n'a aucune justification théorique, si ce n'est de répondre, arbitrairement, aux difficultés du modèle du Big Bang. Ce n'est, en définitive, qu'une hypothèse ad hoc. « Les assertions du modèle inflationnaire, pauvrement justifiées, peuvent entraîner un véritable scepticisme aux yeux d'observateurs rigoureux (Peebles 2001) ». Au demeurant, l'échafaudage d'hypothèses, sans aucun fondement observationnel, mène à des versions inflationnaires hautement spéculatives et particulièrement contestables : inflation chaotique, autoreproduction d'univers, univers multiples, univers parallèles, univers-bulles avec inflation éternelle, créations d'univers en laboratoire, création d'univers par un physicien pirate (physicist-hacker) et autres extravagances, à des années-lumière de la nécessaire rigueur scientifique !

3) Les très faibles fluctuations du fond diffus cosmologique ne peuvent répondre de façon satisfaisante à la formation des grandes structures de l'univers (galaxies, amas et superamas, grands murs, vides, etc.).

4) L'existence de la constante cosmologique, proposée puis rejetée par Einstein, nécessaire aux modèles inflationnaires, demeure, à l'heure actuelle, une pure hypothèse, comme l'ensemble des assertions des modèles inflationnaires. Nous verrons, par la suite, que le concept de constante cosmologique aboutit à des difficultés incontournables avec la réalité physique.

5) La cause de l'inflation, qui a commencé lorsque 3 des 4 interactions fondamentales se sont dissociées, demeure inconnue.

6) Le départ puis l'arrêt de l'inflation ne sont pas justifiés sinon par de nouvelles hypothèses.

7) Un argument majeur qui entraîne le rejet des théories inflationnaires est leur capacité à s'adapter à toutes les conditions initiales possibles. Selon Peebles, un partisan éminent du modèle du Big Bang : « <u>C'est une théorie (l'inflation) qui peut être ajustée pour produire les structures que nous voyons à partir de toutes les conditions initiales possibles. En ce sens, ce n'est pas vraiment une théorie, mais une histoire « sur mesure » puisqu'elle convient dans tous les cas. Il suffit de changer quelques paramètres</u> » « <u>De toute façon, nous n'en avons pas de meilleur (mécanisme de l'inflation)</u> » (Dossier trimestriel N° 35- Mai 2009 - La Recherche – page 8). C'est une acceptation résignée « par défaut ».

8) Pour échapper aux difficultés du Big Bang, les cosmologistes les ont reportées sur un autre concept, l'inflation, encore plus hypothétique, ce qui est une véritable démarche ptoléméenne. C'est, sans conteste, aller de Charybde en Scylla.

<u>L'origine du Big Bang</u>

<u>Selon le modèle standard du Big Bang :</u>

L'univers en expansion du Big Bang se présentant comme une singularité spatio-temporelle devait être infiniment dense. Comme nous venons de le voir, selon la théorie de l'inflation, l'univers visible est issu d'une région très petite et très chaude (10^{32} degrés Kelvin) de l'univers homogène qui s'est enflée $10{-}35$ seconde après le Big Bang. Cette phase inflationnaire a duré $10{-}32$ seconde pendant laquelle l'expansion de l'univers a été d'un facteur de l'ordre de 10^{50} puis le Big Bang a poursuivi son évolution.

Les observations de l'univers, accessibles aux télescopes, se situent à 380.000 années après le Big Bang, c'est-à-dire lorsque le rayonnement du fond diffus cosmologique a été émis.On ne peut d'ailleurs pas remonter au-delà du temps de Planck ($10{-}^{43}$ seconde après le Big Bang), les équations tant de la Relativité générale que de la théorie quantique des champs devenant incapables d'être utilisées, en raison de l'apparition de nombreux termes infinis. Les dernières données fournies par WMAP 5 (Table 7 – Cosmological Parameter Summary – 2008) indiquent $H_o = 71{,}9$ (+ 2,6 – 2,7) km/s/Mpc et to = 13,69 (+ - 0,13) milliards d'années

Le Big Bang entraîne l'apparition de l'espace et du temps, ou de l'espace-temps. De même que de la matière-énergie.

Le temps étant créé en même temps que le Big Bang, on ne peut remonter au-delà c'est-à-dire au-delà de 13,7 milliards d'années.

Critiques :

1) Selon le modèle du Big Bang, l'univers naît d'une singularité de l'espace-temps, par « l'explosion primordiale », avec une densité et une température « infinies ». Quelle est la cause de l'explosion ? Aucune réponse à cette question n'est apportée par les lois actuelles de la physique. Ou alors, on fait l'impasse sur cette difficulté en niant «l'explosion primordiale». Sans justification claire et valable. D'où proviennent l'espace, le temps, la matière et l'énergie ? Ils sont créés ex-nihilo, également sans aucune validation expérimentale ou factuelle. Or, on n'a, jusqu'ici, jamais observé de création ex- nihilo de matière ou d'énergie, que ce soit dans les phénomènes physiques ou biologiques.

2) Affirmer que l'espace et le temps apparaissent avec le Big Bang est une pétition de principe qui supprime évidemment, habilement et sans validation, le problème de l'existence du temps avant le Big Bang.

3) On peut également soutenir, sans plus de justification, qu'à la singularité du Big Bang, la notion d'espace disparaît mais pas celle du temps (c'est le Pré-Big Bang de Gabriele Veneziano). Cette nouvelle hypothèse n'est, comme à l'accoutumée, ni « vérifiable » ni « falsifiable ».

4) D'autres nombreuses hypothèses ont vu le jour : le modèle ekpyrotique propose un univers branaire et multidimensionnel où l'inflation est remplacée par la collision, cyclique, de deux univers ; le modèle, strictement spéculatif, d'inflation éternelle de l'Univers-bulles, etc....

5) Tous ces modèles sont toujours spéculatifs, sans possibilité de les valider, mais cela ne gêne aucunement leurs auteurs, qui revendiquent hautement le droit de spéculer, sans tests de validité contraignants (Andreï Linde).

6) En définitive, le modèle du Big Bang est un concept strictement anthropique. Il viole plusieurs critères ananthropiques que nous avons

indiqués au Chapitre III : il est irrationnel et spéculatif aux dépens de l'esprit critique ; il transgresse les lois physiques actuelles sans fournir de validation expérimentale ou observationnelle ; il utilise des concepts contradictoires « vide quantique rempli de fluctuations quantiques », etc...

L'accélération de l'expansion - L'énergie noire

Selon le modèle standard du Big Bang :

1) Après la phase inflationnaire à 10^{-35} sec, les dimensions de l'univers sont multipliées par 10^{50} puis, pendant 8 milliards d'années l'expansion de l'univers est ralentie par la gravitation. En 1998, l'observation des décalages spectraux des supernovae de type Ia conduit les chercheurs à admettre une accélération de l'expansion, il y a environ 5 milliards d'années, en supposant un mécanisme de formation standard des galaxies Ia. L'accélération de l'expansion est attribuée à une mystérieuse énergie noire et fondée sur l'hypothèse d'un
univers homogène. avec une distribution de matière homogène et isotrope, d'un point de vue statistique (principe copernicien).

2) Les preuves de l'accélération de l'expansion de l'univers sont : les supernovae Ia, le comptage des amas de galaxies, l'effet de lentilles gravitationnelles et les preuves de l'existence de l'énergie noire : les supernovae Ia, le fond diffus cosmologique (fluctuations) directement corrélé à la géométrie de l'univers (plate selon Boomerang), puis WMAP 5 et les ondes acoustiques.

3) Les modèles de la nature de l'énergie noire : a) la constante cosmologique Λ assimilée à l'énergie du vide ; selon les prédictions de la théorie quantique des champs avec les fluctuations quantiques du vide. En théorie quantique des champs, le vide n'est pas le néant, c'est l'état fondamental d'énergie minimale du système des champs quantiques b) la quintessence c) la relativité générale modifiée MOND d) les axions, transformation d'une partie des photons en axions non détectés par les télescopes qui sous-estiment ainsi la luminosité des galaxies, interprétée en accélération de l'expansion.

4) L'énergie noire introduite dans le modèle de référence du Big Bang sous la forme de constante cosmologique.

<u>Critiques</u> :

1) La formation des supernovae de type Ia serait plus diversifiée qu'on ne le pensait. On « se sert des supernovae de type Ia pour évaluer l'expansion de l'univers en supposant un mécanisme de formation standard ». Or, la formation des supernovae Ia n'a rien de standard (supernova SN2006gz) et cela fausse les mesures des cosmologistes (Stéphane Fay –Astrophysical Journal Letters, vol. 669 pp.L17-L19.2007).

Thomas Buchert (Université de Lyon) et David Wiltshire (Université de Canterbury) « critiquent la relation établie entre le décalage spectral des objets astronomiques (notamment les supernovae) et leurs distances, qui est elle-même fondée sur l'hypothèse d'un univers homogène. Un mécanisme expliquant comment des inhomogénéités modifieraient la propagation de la lumière à très grande échelle a ainsi été proposé ».

« L'accélération de l'expansion pourrait n'être qu'une conséquence d'une mauvaise hypothèse de symétrie. Plusieurs équipes ont montré que certains modèles sans expansion accélérée pourraient reproduire les observations des supernovae si l'on suppose que nous habitons une région sous-dense de l'univers, une sorte de bulle dont la densité serait plus faible » Jean-Philippe Uzan (Dossiers La Recherche - Mai 2009 – p 91).

2) L'accélération de l'expansion entraîne l'hypothèse de l'existence de l'énergie noire. Différents modèles en proposent une explication : a) la constante cosmologique introduite par Einstein puis récusée par lui (selon Einstein, la plus grande erreur de sa vie) assimilée à l'énergie du vide. Malheureusement, les prédictions de la théorie quantique des champs aboutissent à une valeur rédhibitoire, entre 60 et 120 fois supérieure à la valeur déduite des observations cosmologiques. Cette valeur, déduite de la théorie quantique des champs, incompatible avec les propriétés de l'univers, constitue un problème conceptuel majeur toujours irrésolu b) la quintessence (très appréciée il y a quelques années, abandonnée depuis en raison de ses nombreux problèmes) c) la relativité générale, avec des « tenseurs scalaires » ; aucune observation n'a pu valider ce concept qui demeure une pure hypothèse   d) les axions, particules issues d'une transformation d'une certaine partie des photons ; ce modèle est abandonné

aujourd'hui . Beaucoup de ces modèles (comme la quintessence) ont des « fonctions libres », qu'on peut ajuster avec celles de la constante cosmologique, qu'il est ainsi impossible de réfuter et qui ne sont donc pas « falsifiables ». Ainsi, aucun des modèles proposés n'est validé. En désespoir de cause, on n'a pas hésité pas à proposer un « modèle anthropique » !

3) Le concept des fluctuations quantiques du vide de la théorie quantique des champs est un oxymore. Ce concept dont la valeur opérationnelle ne peut être niée est, théoriquement, contradictoire. Le vide (néant), par définition, ne peut avoir de propriété, ni contenir quoi que ce soit, fut-ce virtuel. Sinon, il s'agit d'un concept non « falsifiable », autrement dit « anthropique ».Comme nous l'indiquons au paragraphe précédent, aucun modèle de la nature de l'énergie noire n'est validé.

4) L'énergie noire introduite dans le modèle de référence du Big Bang, sous la forme d'une constante cosmologique Λ, souffre des mêmes difficultés incontournables de ce dernier concept.

5) Seuls les modèles d'univers inhomogène et non-isotrope avec la remise en cause du principe cosmologique échappent à la critique. Ils entraînent le rejet de l'accélération de l'expansion et sa conséquence, l'existence de l'énergie noire.

6) Selon les dernières recherches d' Arman Shafieloo et ses collègues (14 Avril 2009), portant sur des supernovae proches (moins de un milliard d'années- lumière), l'accélération de l'expansion aurait diminué durant les 2,5 derniers milliards d'années, au point de s'inverser récemment. Cela suppose une baisse parallèle de la densité d'énergie noire, ce qui impliquerait l'exclusion de la « constante » cosmologique Λ (http://arxiv.org/abs/0903.5141)

En résumé : les concepts d'expansion, d'accélération de l'expansion et d'énergie noire, avec tous les problèmes qu'ils entraînent, sont la conséquence directe de l'interprétation spatiale des décalages spectraux des galaxies lointaines. L'interprétation temporaliste des décalages spectraux échappe à tous ces problèmes en se fondant sur la géométrie d'un univers inhomogène à grande échelle.

Problèmes divers

Le problème de l'horizon - le problème de la platitude et de la densité
critique - le problème de la singularité -
le problème de l'univers homogène et isotrope

Les différentes théories du Big Bang rencontrent un certain nombre de problèmes théoriques ou factuels :

    1) le problème de l'horizon
    2) le problème de la platitude et de la densité critique
    3) le problème de la singularité
    4) le problème de l'univers homogène et isotrope

    1)   Le problème de l'horizon

Selon le modèle standard du Big Bang :

Les observations du fond diffus cosmologique indiquent qu'à grande échelle, l'univers est homogène et isotrope (avec une précision de l'ordre de 10^{-5}). Les équations de Friedmann montrent qu'un univers homogène et isotrope, à un
moment donné, le demeure. Avant l'inflation, les régions de l'univers qui étaient encore toutes proches ont eu « tout leur temps » pour s'échanger leurs propriétés (comme la température par exemple). Avec l'inflation, les régions proches se sont écartées. L'expansion est un phénomène local qui a lieu de façon homogène, en tout point de l'univers primordial. Ce schéma est une représentation dans le temps et non dans l'espace. Il est raisonnable de considérer que, peu après le Big Bang, toute la matière observée était située dans une petite région, de sorte qu'on peut supposer que celle-ci ait été homogène et isotrope, puis que l'univers a subi une période d'expansion exponentielle (l'inflation) qui a éloigné très rapidement les différentes régions de cette zone. Toutefois, il est très difficile de justifier qu'à l'origine, la nature ait abouti à un univers homogène et isotrope.

La solution est une inflation qui permet, lorsqu'elle prend la place de l'expansion habituelle, une expansion exponentielle de l'univers, sans violer la limitation de vitesse de la relativité restreinte. Cette solution est possible, selon les équations de Friedmann, en supposant qu'une forme de matière, à pression négative, existe dans l'univers.

Critiques :

1) Le modèle standard de la cosmologie, le Big Bang, nécessite, pour résoudre ce nouveau problème, une nouvelle hypothèse, l'hypothèse hautement spéculative de l'inflation, une hypothèse non « falsifiable », dont nous avons analysé plus haut les nombreuses difficultés et qui, loin de résoudre le problème de l'horizon, ne fait qu'accumuler les difficultés.

2) La réponse au problème de l'horizon par l'existence d'une forme de matière à pression négative dans l'univers, sans aucune validation expérimentale ou observationnelle, ne constitue qu'une nouvelle hypothèse ad hoc, sans justification théorique.

3) Les partisans du modèle du Big Bang doivent avouer : « Toutefois, il est très difficile de justifier qu'à l'origine, la nature ait abouti à un univers homogène et isotrope ».

4) L'hypothèse d'une forme de matière à pression négative dans l'univers se ramène au concept de la constante cosmologique Λ, assimilée à l'énergie du vide, dont on sait qu'il est issu des prédictions de la théorie quantique des champs, aboutissant à une valeur rédhibitoire, entre 60 et 120 fois supérieure à la valeur déduite des observations cosmologiques.

2) **Le problème de la platitude et de la densité critique**

Selon le modèle standard du Big Bang :

Les observations indiquent que l'univers est presque entièrement plat, avec une densité d'énergie du même ordre de grandeur que la densité critique correspondant à un univers de courbure spatiale nulle. Pourquoi ? La densité d'énergie de l'univers pourrait être quelconque. Le modèle du Big Bang ne fournit pas de justification de cette platitude.

La solution est le même paradigme qui apporte la solution au problème de l'horizon : l'inflation. Si l'inflation augmente la taille de l'univers d'un facteur 10^{50}, sa courbure est diminuée d'un facteur identique. Sa valeur actuelle est donc très proche de zéro et sa densité d'énergie, très proche de la densité critique.

<u>Critiques :</u>

1). Les théories inflationnaires, hautement spéculatives, sont censées répondre au problème de la platitude alors qu'elles sont elles-mêmes sources de graves difficultés. La solution, identique au problème de l'horizon, apportée au problème de la platitude, l'inflation, souffre donc des mêmes difficultés, c'est-à-dire une hypothèse hautement spéculative, avec le concept ad hoc d'une matière à pression négative, sans aucun support observationnel, et avec une valeur rédhibitoire, entre 60 et 120 fois supérieure à la valeur déduite des observations cosmologiques.

2) Les partisans du modèle du Big Bang doivent de nouveau avouer : « Le modèle du Big Bang ne fournit pas de justification de cette platitude »

3) L'opinion d'un cosmologiste théoricien de grande réputation, partisan du Big Bang, James Peebles, sur la théorie inflationnaire, que nous avons cité plus haut, et qui s'applique également à ce problème, est très sévère et édifiante (Voir « Les théories inflationnaires » Peebles page 83).

3) Le problème de la singularité

<u>Selon le modèle standard du Big Bang :</u>

Les « théorèmes sur les singularités » de Stephen Hawking et Roger Penrose démontrèrent, dans les années 1960, l'inévitable présence d'une singularité cosmique dans le passé de tout modèle d'univers, conforme à la relativité générale et contenant la quantité de matière observable.

Une singularité est considérée comme ayant un volume nul et une densité infinie.

Les singularités, en relativité générale, marquent la limite de validité de cette théorie d'où les multiples théories d'unification (supercordes, gravité quantique, géométrie non-commutative, etc...) prétendant éliminer ces singularités mais qui n'ont pas abouti (L'invention du Big Bang - Jean-Pierre Luminet).

Les modèles du Big Bang interdisent de considérer des instants antérieurs à $t°$ où le rayon d'échelle $R(t°)$ était nul. Mais l'instant $t°$ fait surgir des problèmes d'infinis (univers concentré dans un volume infiniment petit, infiniment dense et de courbure infiniment grande). La relativité générale n'incorpore pas la description quantique du monde microscopique et, en particulier, des phénomènes allant jusqu'à des distances arbitrairement petites, comme celles correspondant à une singularité. « Selon les modèles de Big Bang, la reconstitution passée de l'évolution du facteur d'échelle de l'univers ... mène à une valeur aussi petite que 10^{-35} m. Le moment correspondant de l'histoire cosmique est appelé « ère de Planck ». Il correspond à un instant t de Planck légèrement postérieur (de 10^{-43} seconde) à $t°$. Les valeurs de la température et de la densité étaient énormes, respectivement 10^{32} K et 10^{94} g/cm3 .... Notre physique ne permet donc pas de remonter l'histoire passée de l'univers jusqu'à $t°$, c'est-à-dire jusqu'à la singularité. La validité de la reconstitution cosmique ne s'étend qu'entre aujourd'hui et t Planck » (Jean-Pierre Luminet).

Critiques :

Le problème de la singularité du Big Bang, qui met en échec les lois de la physique, et ses difficultés insurmontables, est ainsi soustrait des modèles du Big Bang. Devant les difficultés insurmontables du problème de la singularité, les partisans du Big Bang ne peuvent qu'occulter le problème comme celui de l'origine du Big Bang. Cette renonciation correspond, en fait, <u>à un aveu d'impuissance de la théorie et à la reconnaissance d'une réalité qui est totalement inexplicable par le modèle standard de la cosmologie, le modèle du Big Bang.</u>

4) <u>Le problème de l'univers homogène et isotrope</u>

Selon le modèle standard du Big Bang :

Les observations indiquent que l'univers est homogène et isotrope. Le satellite Cobe, lancé en 1989, confirma que la température du fond diffus cosmologique (environ 2,73 degrés kelvin) était isotrope, c'est-à-dire identique dans toutes les directions, avec une variation inférieure au cent-millième.

On peut montrer, avec les équations de Friedmann, qu'un univers homogène et isotrope persistera dans cet état. Il est, toutefois, difficile de justifier le fait que cet état d'univers homogène et isotrope l'ait été à l'origine. Il n'y a aune preuve, ni raison valable, de supposer l'existence, à l'origine, de cet univers homogène et isotrope. Il n'y a, également aucune explication valable des anisotropies du fond diffus diffus cosmologique.de l'ordre du cent-millième.

La solution est le même paradigme qui apporte la solution au problème de l'horizon : l'inflation. Les parties de l'univers observable aujourd'hui étaient causalement liées avant l'inflation. Après l'inflation, la taille de l'univers fut multipliée par 10^{50} et le résultat est un rayonnement homogène et isotrope dans toutes les régions de l'univers.

Critiques :

La solution du problème de l'univers homogène et isotrope, similaire à celle du problème de la platitude et de la densité critique, ne peut être l'objet que de la même critique :

Il n'y a aune preuve, ni raison valable, de supposer l'existence, à l'origine, de cet univers homogène et isotrope. Il n'y a, également aucune explication valable des anisotropies du fond diffus diffus cosmologique.de l'ordre du cent-millième.

1) Comme pour le problème de l'horizon, les partisans du modèle du Big Bang doivent avouer : « Il n'y a aune preuve, ni raison valable, de supposer

l'existence, à l'origine, de cet univers homogène et isotrope. Il n'y a, également aucune explication valable des anisotropies du fond diffus diffus cosmologique.de l'ordre du cent-millième ».

2). Les théories inflationnaires, hautement spéculatives, sont censées répondre au problème de l'univers homogène et isotrope, alors qu'elles sont elles-mêmes sources de graves difficultés. La solution identique au problème de la platitude apportée au problème de l'univers homogène et isotrope, l'inflation, souffre donc des mêmes difficultés, c'est-à-dire une hypothèse hautement spéculative, avec un concept d'une matière à pression négative, sans aucun support observationnel et avec une valeur rédhibitoire, entre 60 et 120 fois supérieure à la valeur déduite des observations cosmologiques.

3) Rappelons l'opinion sévère de James Peebles, sur la théorie inflationnaire, que nous avons citée plus haut, et qui s'applique également à ce problème (Voir « Les théories inflationnaires » Peebles page 83).

- :-

L'analyse critique des nombreux problèmes engendrés par le modèle standard du Big Bang (le problème de l'horizon, le problème de la platitude et de la densité critique, le problème de l'univers homogène et isotrope, etc…) nous amène à constater que la seule solution possible à ces problèmes, est une hypothèse largement controversée, le concept d'inflation, comme nous l'avons vu plus haut. Loin d'être un soutien pour ces problèmes, l'utilisation du concept ad hoc de l'inflation, pour les résoudre, ne fait qu'ajouter des incertitudes à d'autres incertitudes (de nouveaux épicycles à d'autres épicycles !).

La constante de Hubble Ho - L'âge de l'univers to

Selon le modèle standard du Big Bang :

Hubble découvrit le décalage vers le rouge des galaxies lointaines en observant un type d'étoiles variables, les céphéides. L'observation de la variation de luminosité des céphéides, dont la période est reliée à la luminosité absolue permet de calculer la distance des objets célestes. Le décalage vers le rouge fut interprété en vitesse de fuite et effet Doppler-Fizeau. La relation linéaire entre le décalage spectral et la distance des galaxies fut trouvée par Hubble en 1929. La vitesse d'éloignement des galaxies est proportionnelle à leur distance. Cette proportionnalité est appelée constante de Hubble, et notée Ho. La loi de Hubble s'exprime simplement en : $v = H_o \times d$ où v = vitesse de récession en km/sec, Ho = constante de Hubble en km/sec/Mpc et d = distance en Mpc.

Actuellement, la loi de Hubble est interprétée non comme un mouvement des galaxies dans l'espace mais comme une expansion de l'espace lui-même (dans le cadre de la relativité générale et non plus de la relativité restreinte car celle-ci interdit le dépassement de la vitesse de c). La valeur de la constante de Hubble, en 1929, était estimée à environ 500 km/sec/Mpc, en raison de la mauvaise estimation de la magnitude absolue des céphéides. Aujourd'hui la valeur de Ho tourne autour de 70-71 km/sec/Mpc. En réalité la vitesse de récession n'est pas constante car l'expansion de l'espace a diminué pendant plusieurs milliards d'années puis a augmenté depuis environ 5 milliards d'années, les 2 effets se compensant à peu près.

L'âge de l'univers représente la durée écoulée depuis le Big Bang, c'est-à-dire la phase dense et chaude de l'univers.

Si l'accélération de la vitesse de récession des galaxies est constante, elle peut être obtenue par de nombreuses méthodes : les céphéides, les supernovae de type Ia et de type II, l'étude du plan fondamental des galaxies, les décalages des fluctuations de luminosité des images multiples des quasars produites par les effets de lentille gravitationnelle. L'âge to de l'univers vaut $t_o = 1 / H_o$ si l'univers a une densité de matière très basse, ce que les observations indiquent (univers quasiment plat).

On peut apporter des corrections à loi de Hubble.

La relativité générale puis les équations de Friedmann-Lemaître aboutissent à l'évolution du facteur d'échelle R (t) en fonction du temps t, l'expansion de l'espace impliquant la croissance de R (t).

Les observations, depuis les années 1920, montrent que les durées observées (notamment les périodes des raies spectrales) croissent lorsque l'on observe des sources plus éloignées. On en déduit que la fin des signaux a eu plus de distance à parcourir que le début et que nous sommes donc dans une phase de croissance du facteur d'échelle R (t).

Le taux d'expansion H (t) est défini comme la dérivée logarithmique de R (t). Son inverse serait donc le temps écoulé depuis une singularité à R = 0 si la croissance de R (t) était linéaire. En 1927, Georges Lemaître donne la première expression théorique de H (t) et estime observationnellement sa valeur présente Ho à $2 \cdot 10^{-17}$ sec (ou 625 km/s/Mpc), soit $1 / Ho = 1,6 \cdot 10^9$ années. Cette première estimation de « Ho » (qu'on nommera « constante de Hubble » à partir de 1929) est trop forte et donc celle de l'âge 1 / Ho trop faible, en raison des évaluations de distance extragalactiques erronées qui étaient alors disponibles.

Le taux d'expansion présent Ho est aujourd'hui évalué environ 10 fois plus bas (70 km/s/Mpc) soit $1 / Ho = 14 \cdot 10^9$ années. Les autres paramètres libres de la théorie (la masse volumique de l'univers et la constante cosmologique) commencent à être cernés observationnellement depuis 1998. Ils se compensent pour donner un âge voisin de 1 / Ho. En 2008, la valeur de to dans le modèle de "concordance" est estimée entre 13,7 et 13,8 milliards d'années.

La distance d n'est pas accessible directement. Ce que l'on obtient, c'est la distance d L (distance de luminosité) ou la distance d A (distance angulaire). On utilise alors le redshift.

On peut rechercher l'âge de l'univers selon des méthodes indépendantes de la constante de Hubble : les amas d'étoiles (avec une précision de 10 %), les périodes (1/2 vies) des noyaux atomiques (uranium 235 - un milliard d'années, uranium 238 - 6 milliards d'années).

Les résultats : amas globulaires, entre 12 et 16 M.A. ou entre 11 et 18 M.A. (incertitude du fait de l'imprécision sur la distance des amas et des détails fins de l'évolution stellaire) ; les étoiles individuelles : naines blanches très âgées observées au télescope spatial - entre 12 et 13 M.A - ; les plus vieilles étoiles observées, entre 12 et 16 M.A. ; les noyaux atomiques - les évaluations sont imprécises et donnent, pour les noyaux d'uranium, de thorium, d'osmium et de rhénium un âge compris entre 10 et 17 M.A.

Ces diverses estimations (astrophysiques et atomiques) de l'âge de l'univers sont du même ordre de grandeur, autour de 14 + - 3 à 4 M.A.

Les dernières données fournies par WMAP 5 (Table 7 – Cosmological Parameter Summary – 2008) indiquent Ho = 71,9 (+ 2,6 – 2,7) km/s/Mpc et to = 13,69 (+ - 0,13) milliards d'années. Ces valeurs sont approximativement en ligne avec les estimations (astrophysiques et atomiques) de l'âge de l'univers (14 + - 3 à 4 M.A).

Critiques :

1) Les estimations de l'âge de l'univers par l'étude de ses constituants (étoiles, amas globulaires, galaxies, noyaux atomiques) nous apportent des ordres de grandeur bien trop larges, allant de 11 à 18 milliards d'années. Ces informations ne peuvent être utiles que si l'on parvient à établir une fourchette plus étroite et plus précise.

2) Les dernières estimations de la valeur de la constante de Hubble Ho et de l'âge de l'univers to citées ci-dessus sont le résultat de 80 années de recherches observationnelles et d'approximations successives. Au fil de ces décennies, on est passé de 625 Km/sec/Mpc pour Ho à 71,9 Km/sec/Mpc (+ 2,6 – 2,7) et de to, de 1,6 milliards d'années à 13,69 (+ - 0,13) milliards d'années. L'auteur a établi, dans son modèle temporaliste, théoriquement, en 1962, la valeur de la constante de Hubble Ho à 67,71 Km/sec/Mpc et celle de to (qu'il a intitulé « constante temporaliste To » à 4,5546 10^{17} sec soit environ 14,43 milliards d'années.

Comparons la valeur observationnelle et la valeur théorique de Ho : 69,2 Km/sec/Mpc pour la première et 67,71 Km/sec/Mpc pour la seconde, soit un écart de 2,16 %. Cet écart est négligeable si l'on considère la marge d'incertitude des données de WMAP 5 : de 3,2 % (+2,6) à 3,75 % (-2,7).

3) la valeur de Ho fournie par WMAP 5 intervient après des décennies de recherches et de rectifications dont 69,2 Km/sec/Mpc est la mouture la plus récente, mais sûrement pas la dernière, alors que la valeur théorique proposée par l'auteur <u>date de 1962 et n'a jamais bougé</u>.

4) la valeur de la constante de Hubble Ho, fournie par la NASA, est le résultat de très nombreuses observations cosmologiques et d'un travail acharné d' une multitude de chercheurs mais, en raison même de la nature des observations, la précision des résultats ne peut être que relative (comme par exemple la distance des corps célestes lointains, galaxies ou amas de galaxies) alors que la valeur de la constante Ho, établie théoriquement et proposée par l'auteur est très précise car elle est fondée sur la valeur des constantes universelles et/ou quantiques qu'il utilise ainsi que sur leur précision (c, G, h, e).

De la loi de Hubble v = Ho x d où v = vitesse de récession en km/sec, Ho = constante de Hubble en km/sec/Mpc et d = distance en Mpc, on tire Ho = v / d = 69,2 km/sec / 3,084 10^{19} km (3,15576 10^7 sec x 10^6 x 3,26 x 2,997925 10.5 Km/sec) = 2,243 10^{-18} sec. Si l'univers a une très basse densité de matière, ce qui est le cas, l'âge de l'univers est égal à 1/Ho soit to = 1 / 2,243 10^{18} sec = 4,458 10^{17} sec. soit environ 14,12 milliards d'années. Les écarts avec les valeurs obtenues par l'auteur sont, comme pour les valeurs de Ho, de l'ordre de 2,15 % (Ho = 67,71 Km/sec/Mpc et To = 4,5546 10^{17} sec), c'est-à-dire dans la fourchette des incertitudes.

En conclusion, le modèle temporaliste récuse l'interprétation de l'origine des décalages spectraux en expansion de l'espace et interprète les redshifts (allongement des longueurs d'onde des photons en translation) en phénomènes physiques dûs à l'existence de la constante temporaliste To d'une valeur de 4,5546 10^{17} sec. Ces décalages spectraux, conformément à la théorie quantique, signifient une perte d'énergie des photons qui se déplacent dans l'espace-temps. Les décalages spectraux n'ont pas une signification spatiale (expansion de l'espace de la théorie du Big Bang) mais une signification temporelle (influence temporelle de la constante temporaliste To sur l'énergie des photons lors de leur déplacement). En d'autres termes, les décalages spectraux ont une origine du genre temporel et non du genre spatial. Les décalages spectraux découlent de la nature des photons qui sont affectés, lors de leur déplacement dans l'espace, par l'existence de la « constante temporaliste » To d'une valeur de 4,554610.17 sec. Cette modification de l'énergie du photon n'a aucun rapport avec le concept de « lumière fatiguée » et d'interaction avec d'autres particules physiques (comme l'effet Compton par exemple). Voir Chapitre VII – Paragraphe 3 : le décalage spectral z et la prédiction théorique de la constante Ho de Hubble.

La théorie du Big Bang découle, dans tous ses aspects, de l'interprétation spatiale de l'origine des décalages spectraux, c'est-à-dire de l'expansion spatiale de l'univers. Tous les concepts et toutes les difficultés que nous avons analysés ont pour origine le paradigme de l'expansion spatiale qui entraîne des hypothèses hautement spéculatives (les théories inflationnaires, les multivers, les singularités, etc…) qui violent les lois de la physique et de la logique (création ex-nihilo de matière-énergie, explosion primordiale à l'origine de l'espace-temps, courbure de l'espace c'est-à-dire du vide – un oxymore -, etc…). Le modèle du Big Bang a eu une conséquence regrettable, la multiplication des spéculations des cosmologistes, avec un rejet manifeste des règles rigoureuses habituelles de la science, la « falsifiabilité » de Popper et les « faits observables » d'Einstein.

Le modèle temporaliste s'oppose totalement aux concepts et à la méthodologie de la théorie du Big Bang. Il découle d'une seule hypothèse, l'existence de la « constante temporaliste » To dont il tire toutes les conséquences, en respectant strictement les exigences de « <u>falsifiabilité</u> » de Popper et de « <u>faits observables</u> » d'Einstein ou les « <u>concepts ananthropiques</u> » du modèle temporaliste. Ce modèle, en raison de son exigence de rigueur échappe à toutes les difficultés du modèle du Big Bang (comme par exemple, les singularités, la création ex-nihilo de matière-énergie, etc…).

Dans le Chapitre XIV, l'auteur compare les deux modèles opposés, le modèle standard du Big Bang et le modèle temporaliste, leurs forces et leurs faiblesses. Il appartient au lecteur de se faire une opinion sur le modèle qui lui semble le plus valide, scientifiquement.

<u>Chapitre IX</u>

<u>L'évolution des galaxies - Les grandes structures de l'univers</u>

<u>Selon le modèle standard du Big Bang :</u>

La plupart des scénarios de formation des galaxies et des grandes structures privilégie actuellement le modèle hiérarchique, dans lequel les structures se forment par fusions successives de sous-systèmes. La compréhension de la relation entre la distribution de matière noire et la distribution de lumière, c'est-à-dire les galaxies, est ce qu'on appelle le problème du biais. Il est l'enjeu des nombreuses recherches actuelles sur la formation des grandes structures

Il existe néanmoins des doutes sur le scénario de la formation hiérarchique des galaxies depuis le Big Bang. Selon les statistiques établies sur les galaxies, celles-ci ne diffèrent véritablement que par leur masse. L'accrétion de gaz serait le facteur principal de croissance des galaxies (Pour la Science – N° 374 – Décembre 2008 p 9)

Selon un nouveau scénario de formation des galaxies (contrairement au modèle standard par collisions de galaxies) celles-ci se formeraient à partir de courants de gaz froid (Nature 2009 - Pour La Science Mars 2009 – N° 377 p 11).

Grâce à la loi d'expansion de Hubble, les distances sont bien déterminées pour les galaxies assez éloignées.

Un certain nombre de problèmes sont néanmoins reconnus par les partisans du modèle du Big Bang :

Pourquoi trouve-t-on quelques galaxies spirales, structures très évoluées, quelques milliards d'années après le Big .Bang. (Combes) ?

« La théorie dit que les galaxies elliptiques ne peuvent être formées qu'assez récemment. Mais l'observation montre des galaxies elliptiques déjà anciennes. Où est l'erreur ? » (James Peebles – Le Big Bang – La Recherche N° 35 – Trimestriel Mai 2009 p. 9)

De nombreuses galaxies ont été trouvées entre 12,7 et 13,3 Milliards d'années.

L'âge astrophysique des plus vieilles étoiles observées à ce jour ? Une fourchette vraisemblable de 12 à 16 M.A. L'astrophysique met en évidence une coupure à environ 14 M.A. pour l'âge des étoiles.

La masse noire est nécessaire pour assurer la cohésion gravitationnelle des étoiles dans les galaxies et dans les structures plus grandes comme les amas de galaxies. Quelle est la nature de la matière noire ? Voir le chapitre X.

Selon le principe cosmologique, l'univers est homogène et isotrope. Or, l'univers ne semble nullement uniforme tant aux petites qu'aux grandes échelles. L'univers apparaît constitué de filaments où se rassemblent les amas, superamas et hyperamas de galaxies, de grandes structures comme les murs et de grands vides (Rudnick 2007).

Le grand mur, dans le dernier relevé du SDSS (Sloan Digital Sky Survey), a 1370 Mpc d'amplitude et l'univers observable, au fur et à mesure qu'on s'éloigne de la terre, ne devient pas homogène. Ainsi, le Grand Attracteur a longtemps été un amas caché par le disque de la Galaxie. La réponse des partisans du modèle standard du Big Bang : « l'observation du fond cosmologique, et de sa très grande homogénéité et isotropie, (montre) que l'Univers doit devenir homogène à partir d'un certain temps et d'une certaine échelle ».

Selon le critère d'instabilité de Jeans, en l'absence d'expansion, toute masse supérieure à une masse critique va s'effondrer sous l'action de l'auto-gravité et cet effondrement est très rapide, exponentiel.

Selon le modèle du Big Bang, que représentent les fluctuations dans le fonds cosmologique ? Elles sont en fait les vestiges des fluctuations qui ont donné naissance aux galaxies et aux grandes structures. La recombinaison de la matière a lieu environ 380.000 ans après le Big Bang. Selon WMAP5, le modèle de concordance indique que : l'âge de l'univers est de 13,7 M.A. ; il est composé d'environ 70 % d'énergie noire, de 30 % de matière dont 5 % de matière ordinaire (baryonique) et 25 % de matière noire. Le modèle qui correspond le mieux aux observations est celui de la matière froide ou $^\wedge$ CDM ($^\wedge$Cold Dark Matter).

Goods 850-05, galaxie située à 12 M.A.L., très peu lumineuse, forme de nouvelles étoiles à une cadence infernale, (4.000 nouvelles étoiles par an) mille fois supérieure au taux actuel de formation dans la Voie Lactée. Il y aurait eu une importante production de poussières très tôt dans l'univers et les premières supernovae et les premiers quasars en seraient à l'origine.

Les simulations de la formation des structures dans un univers de matière noire $^\wedge$ CDM, confrontées aux observations, entraînent trois problèmes qu'on n'a pas réussi à résoudre : 1) la distribution radiale de matière noire dans les galaxies ne correspond pas à celle qui est déduite de la courbe de rotation des galaxies ; la solution éventuelle, changer la loi de dynamique newtonienne, à faible accélération (Milgrom 1984) ; 2) « A l'équilibre, les disques de galaxies spirales dans les simulations sont dix fois trop petits par rapport aux observations » ; 3) « le modèle $^\wedge$ CDM prédit que toute galaxie spirale comme la Voie Lactée devrait être entourée d'au moins 400 satellites, ou 400 petites galaxies naines » Selon les observations, il n'y a, au

plus, qu' une douzaine de compagnons nains. Quelles sont les solutions ? »
(Grandes structures de l'univers - Françoise Combes – Astronomie, Mai 2005)

Critiques :

L'évolution de l'univers entre le Big Bang et la phase de matière-énergie est élaborée grâce à l'alliance entre l'astrophysique et la théorie quantique des champs. Le modèle standard du Big Bang reste muet ou occulte la période entre la singularité de « l'explosion primordiale » et le temps de Planck (10^{-43} seconde) caractérisée par des conditions physiques, températures, densités d'énergie, volume nul, hors du commun et étrangères à toutes les lois de la physique actuelle. Il s'agit, en réalité, d'un concept de la création de l'univers ex-nihilo, entraînant la création ad hoc de l'espace-temps et de la matière-énergie. Pure spéculation sans validation scientifique possible.

Le modèle de création et d'évolution des galaxies et des grandes structures dans le modèle du Big Bang pose de très nombreux problèmes : que se passe-t-il avant le temps de Planck (10^{-43} seconde) ? Quel est le processus de création de la matière ? A partir du néant ? Comment ? Quelle est la cause du Big Bang ? Le décalage spectral des galaxies éloignées, mis en évidence par Hubble, sur lequel repose le modèle standard de la cosmologie, implique une singularité avec des paramètres de température, de densité et d'énergie de valeur considérable. Cette singularité ne peut être intégrée à la physique actuelle, les équations, tant de la Relativité générale que de la théorie quantique des champs, devenant incapables d'être utilisées, en raison de l'apparition de nombreux termes infinis (voir Chapitre VIII : L'origine du Big Bang).

A partir du temps de Planck, le modèle standard du Big Bang bénéficie du niveau élevé des connaissances et des recherches de la physique des hautes énergies et des différentes disciplines de la physique, physique quantique, physique nucléaire, physique des particules, etc… pour développer les conséquences des prémisses fournies par ce modèle. A partir du scénario du modèle du Big Bang, de la décroissance, au cours du temps, de la température de l'univers, en raison de l'expansion de l'espace, la physique quantique élabore une histoire de l'univers où, en fonction des températures, c'est-à-dire des énergies, les quatre forces fondamentales (forte, faible, électromagnétique et gravitationnelle) couplées à l'origine, se découplent. Apparaissent, en vertu du principe d'incertitude de la physique quantique, des particules et antiparticules virtuelles à durée de vie très brève puis, progressivement, d'autres particules. A 10^{-35} seconde, l'univers se peuple de nombreuses particules parmi lesquelles l'électron, le neutrino et le quark.

Entre 10^{-35} et 10^{-32} seconde, se déroule l'inflation. A 10^{-6} seconde les quarks deviennent confinés puis, à environ 100 secondes, se produit la nucléosynthèse primordiale. Enfin la recombinaison intervient lorsque la température de l'univers s'est refroidie jusqu'à 3.000 degrés K., 380.000 années après le Big Bang. La création des galaxies intervient après plusieurs centaines de millions d'années.

Toute l'histoire de l'univers calculée et décrite par la physique quantique, dont nous avons fait un bref résumé, ne peut être récusée techniquement. Elle est fondée sur les connaissances accumulées depuis des décennies par la théorie quantique des champs. Toutefois sa validité ne repose, en définitive, que sur celle des prémisses que lui fournit le modèle du Big Bang, c'est-à-dire l'interprétation du décalage spectral des galaxies éloignées en expansion de l'espace. Si cette interprétation est récusée, toute l'histoire de l'univers qui en est déduite se trouve entièrement invalidée.

Les fluctuations d'énergie, survenues quelques milliers d'années après le Big Bang, dont seraient issues les galaxies, sous l'action de la gravité, sont insuffisantes pour justifier l'évolution des grandes structures. Selon Tegmark (2004), si les anisotropies du fond cosmologique sont tout à fait conformes à petite et moyenne échelle, elles ne le sont pas du tout à grande échelle. La façon dont se développent les structures dépend de l'origine des fluctuations primordiales et de la nature de la matière noire.

En 2004, Brigitte Rocca a mis en évidence l'existence de galaxies massives très jeunes (distances > 12 M.A.L.), en contradiction avec le modèle de croissance hiérarchique (Dossier La Recherche 393 – Janvier 2006)

L'univers est structuré, selon les auteurs, en mousse, en éponge, feuillets, crêpes ou toiles d'araignée tridimensionnelles. En résumé, on peut considérer que les grandes structures de l'univers sont constituées de filaments formés de gaz, de poussières, d'étoiles, de galaxies, d'amas et de superamas de galaxies, de grands murs, de grands vides et de matière noire. Ces filaments représenteraient environ 10 % de l'espace et contiendraient 15 % des galaxies et amas de galaxies. Leur longueur typique est comprise entre 50 et 80 Mpc (1,5 et 2,4 $.10.26$ cm). Ils délimitent la frontière d'immenses vides. Ceux-ci ont des diamètres typiques allant de 25 Mpc soit

8 10.25 cm à 125 Mpc soit 4 10.26 cm. Situé entre 6 et 10 milliards d'A.L. de la terre, le plus grand vide découvert jusqu'ici, dans la direction de la constellation d'Eridan, par Lawrence RUDNICK (Août 2007) aurait un diamètre d'environ 1 milliard d'A.L. (1.10.27 cm). La réalité de ce grand vide serait contestée, en raison d'un biais dans la statistique des galaxies recensées. On doit donc attendre de nouvelles observations à ce sujet. Ce grand vide, dont on estime la probabilité d'existence à 5 x 10^{-10}, ainsi que les différentes structures inhomogènes existantes remettent gravement en question le modèle standard de la cosmologie, fondé sur le principe cosmologique, qui attribue à l'univers une structure homogène et isotrope. Le modèle du Big Bang, avec l'expansion de l'univers, constate cette structure répétitive et irrégulière des grandes masses de l'univers et surtout de ces vides énormes allant d'environ 1.10.26 cm à 1.10.27 cm. Le modèle standard est incapable d'expliquer les causes de l'existence de ces vastes vides dont la probabilité est infime (5 x 10^{-10}).

Le modèle temporaliste, a contrario, propose une explication simple de la structure de l'univers et de la raison de l'existence des filaments et des grands vides. Dans le modèle temporaliste, la gravitation a une portée finie, concrétisée par le concept de <u>rayon de gravitation r = m ½</u> (r = rayon, m = masse). Dans les filaments, l'influence gravitationnelle des galaxies et des amas de galaxies s'exerce longitudinalement car les masses sont relativement proches et donc au-dessous du seuil des rayons de gravitation. Si nous prenons l'exemple d'un amas de galaxies riche (3.000 galaxies) dont la masse moyenne est d'environ 1.10.49 g, son rayon de gravitation est de 1.10.49 cm ½ = 3.10.24 cm, il peut donc exercer une influence gravitationnelle sur les galaxies et amas de galaxies dont la distance moyenne est de 1 Mpc (3.10.24 cm) – (Voir Chapitre XII – La gravitation temporaliste - Masses et rayon de gravitation, paragraphe 10), ceci tout au long des filaments.

Quant aux vides, les galaxies, amas et superamas de galaxies ne peuvent exercer d'influence gravitationnelle à leur centre que si leur rayon de gravitation est égal ou supérieur aux rayons des vides qu'ils côtoient. Par exemple ; pour un vide de 1.10.25 cm, la masse gravitationnelle nécessaire est de 1.10.50 g soit la masse moyenne de 40.000 galaxies ; pour un vide de 1.10.26 cm, la masse gravitationnelle nécessaire est de 1.10.52 g soit une masse moyenne de 4 millions de galaxies ; pour un vide de 1.10 .27cm (vide de Rudnick) la masse gravitationnelle nécessaire est de 1.10.54 g soit la masse de 400 millions de galaxies. L'importance des masses nécessaires à une influence gravitationnelle des galaxies et amas de galaxies sur les grands vides et la rareté de telles concentrations de galaxies expliquent l'existence de ces vides qui est une des graves contradictions au modèle du Big Bang.

Chapitre X

La masse noire – L'effet PIONEER – La théorie MOND - L'effet CASIMIR

Le problème de la masse noire

Selon le modèle standard du Big Bang :

La masse noire (ou matière manquante) est estimée à environ 80 - 90 % de la matière totale. On la décèle aussi bien dans les galaxies que dans les grandes structures de l'univers, amas et superamas de galaxies. De nombreux candidats ont été proposés (MACHOs, neutrinos, WIMPs, étoiles naines brunes, trous noirs supermassifs, etc...) mais, pour l'instant, sa nature demeure inconnue.

Quels sont les caractères actuellement connus de la masse noire ?

1) Le rapport Masse / Luminosité en fonction de la distance confirme l'existence d'une matière invisible, non seulement autour des galaxies mais aussi entre elles.

2) La courbe (vitesse) de rotation des galaxies permet de conclure que les étoiles et les autres corps lumineux constituent moins de 10 % de la masse totale d'une galaxie. Les 90 % restants sont composés de masse noire ou sous l'influence d'un phénomène inconnu.

3) La courbe de rotation des galaxies suggère que la masse noire est contenue dans de vastes halos qui entourent les étoiles visibles.

4) Il est impossible de trouver de la masse noire loin des galaxies, dans des halos très étendus, car les forces de marées la disperseraient dans tout l'amas dans lequel les galaxies baignent.

5) L'étude des effets de la masse noire par la méthode des lentilles gravitationnelles sur l'amas de galaxies Abell 1689 (distorsion en fonction de la masse et du rayon des galaxies déflectrices) proposée par le physicien Anthony Tyson indique « que la masse noire intervenait pour plus de 90 % dans la matière globale ».

6) La masse noire suit en grande partie la matière lumineuse dans sa localisation dans les galaxies, les amas de galaxies et même les grandes structures de quelques dizaines de mégaparsecs.

7) La masse noire suit les irrégularités de la densité de distribution de matière lumineuse dans tout l'univers visible.

8) La masse noire n'existe pas ou n'est pas perceptible dans les grands vides de plusieurs dizaines à plusieurs centaines de mégaparsecs (Richard Schaeffer 2001- voir Chapitre XI, paragraphe 4, du modèle temporaliste).

Selon le modèle temporaliste :

Nous proposons l'identification du champ temporaliste d'accélération à la masse noire. Nous indiquons ci-dessous les arguments en faveur de notre proposition :

1) Le champ temporaliste émanant des photons, donc des sources lumineuses, correspond bien à la répartition spatiale de la masse noire.

2) Le champ temporaliste, du fait de son origine (les corps lumineux), suit nécessairement les irrégularités de la densité de distribution de la masse lumineuse dans tout l'univers visible.

3) Le champ temporaliste, selon le modèle temporaliste, émane de l'amortissement des vibrations des photons et donc d'une perte d'énergie

(redshift) constante, en raison de l'existence de la constante temporaliste To. Le fait que le pourcentage de 90 % de masse noire soit situé dans l'univers auprès des sources lumineuses est en phase avec l'hypothèse de leur origine temporaliste.

4) A contrario, les grands vides, ne contenant pas de matière lumineuse, ne peuvent donc pas contenir de masse noire.

5) Le champ temporaliste n'est pas un champ hypothétique mais un champ qui découle <u>nécessairement</u> du modèle temporaliste - <u>L'accélération due à la masse noire est la conséquence de l'existence de la constante de gravitation temporaliste G' soit 6,582 10^{-8} cm/sec^2.</u>

6) Le champ temporaliste dont les vecteurs sont les gravitons n'est pas un champ lumineux.

7) Le paragraphe suivant concernant l'accélération radiale anormale de Pioneer 10 et d'autres engins spatiaux démontre l'existence du champ universel temporaliste isotrope d'accélération G' = 6,582 x 10^{-8} cm/sec^2 et le valide.

8) La valeur de l'accélération de la vitesse des étoiles dans les galaxies, attribuées à l'influence de la masse noire, est bien de l'ordre de la valeur de la constante de gravitation temporaliste G' soit 6,582 x 10^{-8} cm/sec^2. Sa valeur est de l'ordre de la modification de la gravitation newtonienne proposée par la théorie MOND (qui récuse l'existence de la matière noire).

9) La masse noire est insensible à la force nucléaire, à la force faible et à la force électromagnétique. Elle n'est sensible qu'à la force gravitationnelle, ce qui est bien en phase avec la cinquième proposition du champ temporaliste : <u>L'accélération de la masse noire est la conséquence de la constante de gravitation temporaliste G' soit 6,582 10^{-8} cm/sec^2.</u>

10) De toutes nouvelles observations (Benoit Famaey et ses collègues - Observatoire de Strasbourg - G. Gentile et al. Nature, 461, 627-628, 2009) confirment bien la corrélation entre la matière lumineuse et la masse noire : « D'étonnantes relations sont alors apparues : d'une galaxie à l'autre, l'intensité de gravité due à la matière noire au rayon caractéristique est identique, et il en va de même pour l'intensité de gravité due à la matière visible à ce même rayon. Que déduit-on de ces relations ? D'abord, que la densité centrale de matière noire et celle de matière visible sont corrélées de façon inverse l'une de l'autre. Une densité centrale de matière visible élevée implique que la densité de matière noire au centre est faible, et inversement. Ensuite, que le rapport entre les densités de matière visible et de matière

noire qui prévaut à l'échelle de l'Univers reste valable à l'intérieur du rayon caractéristique pour toutes les galaxies ».

Ces observations sont cohérentes avec le modèle temporaliste. Selon ce dernier, la matière noire a pour origine les sources lumineuses. Les différents paragraphes ci-dessus du modèle temporaliste de la masse noire corroborent qualitativement et quantitativement les observations du paragraphe 10.

L'accélération radiale anormale de Pioneer 10

Selon le modèle standard du Big Bang :

Depuis plus de 20 ans, un problème intrigue les planétologues et les physiciens : "une légère et inexpliquée accélération vers le soleil des mouvements des engins spatiaux Pioneer 10, Pioneer 11 et Ulysse" (www.geocities. com/solarstormmonitor/Pioneer.html). Beaucoup d'autres sites sur le Web apportent des informations à ce sujet.

L'accélération anormale a plusieurs caractéristiques :

1) Sa valeur, selon les auteurs, serait de $7,59 \times 10^{-8}$ cm/sec^2 (http://renshaw.teleinc.com/papers/prl-pi/prl-pi.stm), 8, 74 (+ ou - 1, 33) x 10^{-8} cm/sec^2 (http://csep10.phys.utk.edu/newsgroups/mond/messages/22.html),

" Environ 10 milliards de fois plus petite que l'accélération que nous ressentons, de l'attraction gravitationnelle de la terre " (www.geocities. com/solarstormmonitor/Pioneer.html - http://spaceprojects.arc.nasa.gov/Space_Projects/pioneer/PNStat.html).

2) L'ordre de grandeur de cette accélération anormale est $c \times H_o$ (Constante de Hubble).

3) Cette accélération anormale, indépendante de la distance, est constante vis-à-vis de la vitesse de l'engin spatial.

4) Cette accélération anormale est radiale.

Selon le modèle temporaliste :

1) Cet effet inexpliqué résulte très précisément de l'existence du champ universel temporaliste isotrope d'accélération $G' = c / T_o$ avec G' constante temporaliste de gravitation, c vitesse de la lumière et T_o constante temporaliste soit $6,582 \times 10^{-8}$ cm/sec^2 = $2,997925 \times 10^{10}$ cm/sec / $4,5546 \times 10^{17}$ sec.

2) L'ordre de grandeur de cette accélération anormale $c \times H_o$ (Constante de Hubble) correspond au modèle temporaliste avec c / T_o ($H_o = 1/T_o$) = G' (constante de gravitation temporaliste)

3) Quand les engins spatiaux quittent une trajectoire circulaire ou elliptique pour prendre une trajectoire radiale dirigée hors du système solaire, l'influence radiale du champ universel temporaliste d'accélération apparaît et ralentit la vitesse des engins spatiaux (Pioneer 10, Pioneer 11, Ulysses, Galileo, etc...)..

4) Le champ universel temporaliste d'accélération ne trouble pas les orbites circulaires ou elliptiques des planètes du système solaire mais seulement les trajectoires radiales.

5) <u>Une mesure expérimentale valide le modèle temporaliste.</u> En Septembre 1998, le ralentissement de la vitesse de Pioneer 10 avait conduit à un retard sur sa trajectoire prédite d'environ <u>400.000 Km</u>. La trajectoire radiale de Pioneer 10, commencée entre 1973 et 1974 avait ainsi duré pendant environ 24,5 années soit $7,73 \times 10^8$ sec. La décélération pendant cette durée, avec une constante d'accélération de $6,582 \times 10^{-8}$ cm/sec^2 est égale à $6,582 \times 10^{-8}$ cm/sec^2 $\times 7,73 \times 10^8$ sec $\times 7,73 \times 10^8$ sec = $3,93293 \times 10^{10}$ cm = <u>393.293 km.</u>

La théorie MOND

http://nedwww.ipac.caltech.edu.level5/Sept01/Milgrom/Milgrom_contents.html

La théorie MOND propose que lorsque l'accélération déduite de la constante newtonienne d'accélération Gn est inférieure à a°, soit Gn < a°, la théorie newtonienne ne s'applique pas, le paramètre a° étant comparable à c x Ho.

Selon le modèle temporaliste où Ho = 1 / To, a° ~ c x Ho = c / To soit 6,582 x 10^{-8} cm/sec^2.

La théorie MOND est proposée comme une alternative à la masse noire. Le modèle temporaliste ne nie pas l'existence de la masse noire. Quand l'accélération due à une masse est inférieure à G', le modèle newtonien ne s'applique plus dans la théorie MOND. Dans le modèle temporaliste, la théorie newtonienne ne s'applique plus pour une accélération inférieure à G', comme dans la théorie MOND, mais ceci est dû au rayon de gravitation fini des masses et au champ <u>universel d'accélération temporaliste G'</u>. (Voir Chapitre XI).

Le modèle du Big Bang ne soutient pas la théorie MOND.

L'effet CASIMIR

<u>Selon le modèle standard du Big Bang :</u>

L'effet Casimir, du nom éponyme de son découvreur, est un effet qui existe entre deux plaques métalliques conductrices parallèles, situées très près l'une de l'autre et qui s'attirent. Cette force résulterait du concept de vide quantique, qui n'est pas réellement un vide mais qui est le siège de fluctuations qui engendrent des particules virtuelles exerçant sur ces plaques une force de pression attractive.

Selon le modèle temporaliste :

Le modèle temporaliste propose une alternative à l'explication quantique.

Le champ d'accélération isotrope de valeur G'engendré par la perte d'énergie des photons est perturbé par la présence des deux plaques métalliques. Le résultat en est une force d'accélération moindre entre les deux plaques qu'à leur extérieur et le rapprochement de celles-ci. Il convient de calculer si, quantitativement, cet effet temporaliste est vérifié.

CINQUIEME PARTIE

(Voir CALCULS – CHAPITRE XV page 190)

UNE ALTERNATIVE AU MODELE DU BIG BANG

Chapitre XI

Le modèle temporaliste

Le concept de temps et la constante To

Au Chapitre III : Concepts anthropiques et ananthropiques (b : le concept physique de temps), nous avons analysé le concept de temps.
Nous résumons ci-dessous les résultats de cette analyse.

Dans la théorie de la relativité restreinte, Einstein (1905) a introduit un nouveau concept, celui de l'espace et du temps indissociables, l'espace-temps quadridimensionnel. Dans cette optique, le temps apparaît comme une quatrième dimension spatiale orientée du passé vers l'avenir, définissant ainsi un "cône de lumière". Le temps et l'espace, intimement mêlés, constituent des référentiels à partir desquels les phénomènes physiques sont étalonnés : quantité de mouvement, énergie, vitesse, etc... Les lois physiques sont invariantes par changement de référentiel. La physique quantique, qui a intégré la relativité dans l'électrodynamique quantique, n'a guère modifié le concept relativiste du temps. Elle l'a même radicalisé, dans un sens spatial, dans les diagrammes de Feynman, où l'orientation passé > avenir n'est plus privilégiée par rapport à l'orientation avenir > passé (particules et anti-particules). Les relations d'incertitude d'Heisenberg, en corrélant l'incertitude sur l'énergie et l'incertitude sur le temps ne donnent également pas de définition spécifique du temps. Si la relativité einsteinienne met bien en valeur (cône de lumière) la flèche du temps passé > avenir, elle abolit la notion de temps pour le photon. Une horloge en mouvement se ralentit. Une horloge se déplaçant à la vitesse de la lumière se ralentirait infiniment. Le photon, qui se déplace, dans le vide, à la vitesse constante de c est, selon la relativité einsteinienne, immuable et se situe donc en dehors du temps.

Dans la théorie des supercordes, l'univers serait composé de onze dimensions, dont sept dimensions spatiales, entortillées dans des espaces de Calabi-Yau et de 4 dimensions d'espace-temps visibles. Dans la dimension de temps, le photon ne vieillit pas. " A la vitesse de la lumière, le temps cesse de s'écouler " (Brian Greene 2000).

En dernière analyse, le temps est conçu comme une quatrième dimension spatiale de l'univers. L'orientation passé > avenir disparaît pour le photon. L'asymétrie passé > avenir est le seul paramètre distinguant les dimensions spatiales de la dimension temporelle. Cette asymétrie, niée par Stephen W. Hawking est affirmée par Roger Penrose (1996). Si l'asymétrie disparaît du concept de temps, rien ne distingue plus la dimension temporelle d'une dimension spatiale. Une expérience récente a confirmé l'asymétrie du temps dans les particules élémentaires étranges (PLEAR 1998).

Le modèle temporaliste est issu de l'hypothèse de l'asymétrie fondamentale du temps : < http://site.voila.fr/nobigbang> (Chapitre 5 : Le concept de temps).

L'hypothèse temporaliste

L'hypothèse temporaliste se fonde sur l'asymétrie fondamentale du temps. Selon l'hypothèse temporaliste, l'asymétrie du temps est intégrée aux phénomènes physiques, y compris à la nature du photon. Selon la physique actuelle (relativité einsteinienne, mécanique quantique, théorie des supercordes), si un photon est émis par un atome d'une étoile éloignée dans l'espace, c'est-à-dire dans le temps, si aucune interaction extérieure n'intervient, si ce photon se propage dans le vide jusqu'à un télescope terrestre, ce photon sera observé tel qu'il a été émis, il y a 2 millions ou 2 milliards d'années, avec la même énergie $w = h\nu$ (h = constante de Planck ; ν = fréquence), la même quantité de mouvement $p = h\nu/c$, la même longueur d'onde y = c/v. Aucune grandeur du photon ne change. Il se propage de façon immuable. Telles sont les données, ou plutôt les présupposés de la physique actuelle (naturellement compte non tenu de l'hypothèse d'un univers en expansion).

La relativité restreinte postule que la lumière (les photons) se déplace, dans le vide, à la vitesse constante c, sans modification de ses paramètres. Le modèle temporaliste propose, au contraire, que la vibration lumineuse s'amortisse en se propageant dans le vide.

Le modèle temporaliste propose une modification des caractéristiques du photon émis, durant sa propagation, sans interaction extérieure sur le photon. C'est-à-dire qu'il intègre le concept de temps à la nature même du photon. Le décalage spectral des galaxies lointaines est actuellement interprété comme un effet cosmologique dû à l'expansion de l'univers. Le modèle temporaliste constate le fait du décalage spectral. Il ne l'interprète pas comme résultant d'un effet physique connu (effet Doppler, cosmologique, Compton, gravitationnel, etc..). Il le rattache à la physique intrinsèque du photon. Il le considère comme une propriété quantique, structurelle, du photon, due à l'existence d'un paramètre méconnu, de nature temporelle, qu'il désigne sous le terme de « constante temporaliste To ». C'est cette constante qui affecte le photon et qui est la marque de l'asymétrie du temps. Nous allons maintenant rechercher cette constante To postulée par le modèle temporaliste.

A la recherche de la constante To

La recherche de la constante temporaliste To peut emprunter des voies diverses. Des considérations théoriques sur la structure de l'univers peuvent nous y aider, mais également l'analyse dimensionnelle. La première observation que nous pouvons faire est que ce paramètre n'apparaît pas ostensiblement dans les phénomènes quantiques puisqu'il n'a pas été décelé jusqu'ici. On peut donc dire que s'il existe, c'est masqué ou méconnu.

Quelles sont les grandes constantes physiques qui peuvent nous guider dans la recherche de ce paramètre temporaliste inconnu ? Nous en avons retenues quatre : c, h, e et G.

Ces différentes constantes physiques apparaissent comme les frontières de notre univers physique : limite supérieure des vitesses (c); limite inférieure des actions (h); limite inférieure des charges électriques (e, la charge électrique élémentaire est la charge libre la plus faible connue, les charges fractionnaires des quarks et anti-quarks concernant des particules confinées). Le statut de G peut être considéré également comme l'étalon de l'intensité de l'interaction exercée par une masse sur une autre masse (Newton) ou comme celui de l'intensité de l'interaction s'exerçant entre les masses et l'énergie, d'une part, le champ métrique, d'autre part (Einstein). A l'instar de ces constantes physiques fondamentales qui constituent les frontières de notre univers physique, le modèle temporaliste conçoit le paramètre temporaliste To comme un autre butoir de la nature : au butoir des vitesses, des actions, des charges électriques, des interactions gravitationnelles, s'ajoute le butoir du temps. Ce butoir du temps, nous le définirons comme une frontière du temps, comme c est la frontière des vitesses, h, celle des actions, etc..

Nous avons désigné ce butoir du temps sous le terme de constante temporaliste ou constante To. Selon le modèle temporaliste, la translation du photon dans l'espace, c'est-à-dire dans le temps, se manifeste par un amortissement de la vibration, c'est-à-dire par une modification de ses paramètres (énergie, longueur d'onde, fréquence, etc..) se manifestant sous la forme d'un décalage spectral. Essayons de préciser la dimension et la valeur numérique de cette constante temporaliste To. A première vue, il semble logique d'attribuer à cette constante la dimension d'un temps puisque c'est ainsi que l'hypothèse temporaliste postule l'origine du décalage spectral chez le photon. Nous verrons par les résultats obtenus que cette supposition est fondée. La recherche d'une constante temporaliste ayant les dimensions d'un temps peut se faire sur des critères dimensionnels $To = L / LT^{-1}$ (longueur / vitesse) ou LT^{-1} / LT^{-2} (vitesse / accélération) ou MLT^{-1}/MLT^{-2} (quantité de mouvement / force) ou ML^2T^{-1} / ML^2T^{-2} (action / énergie) ou à partir de formules plus complexes telle $(h \times G / c5)$ ½ (moment cinétique x constante de gravitation / vitesse de la lumière $10^\wedge 5$

- ½). L'analyse purement dimensionnelle est impuissante à nous indiquer la voie à suivre pour trouver le paramètre temporaliste recherché.

Il nous faut donc essayer de trouver un autre chemin, tout en respectant les homogénéités dimensionnelles. Des 4 grandes constantes physiques qui constituent les frontières de notre univers, les constantes h et e semblent concerner uniquement les frontières du microcosme, G celles du macrocosme et c les deux à la fois. (énergie du photon : $E = h\nu$ (fréquence) ou hc / y (longueur d'onde) ou $E = mc^2$). Etablir des relations entre ces constantes limitatives peut apparaître comme une voie adéquate. La constante To (constante quantique) est elle-même une constante frontière ou limitative. Rapprocher les constantes h et e ne semble pas, à première vue, fécond, h et G ou e et G, guère plus (h et e sont des constantes quantiques, apparemment sans rapport avec la constante macroscopique G).

Le ratio c / G

La recherche de cette constante To nous amène à considérer le ratio c / G. C'est la relation entre la vitesse limite c des phénomènes physiques et la constante de gravitation de Newton G (l'intensité de l'attraction des masses ou, en Relativité Générale, l'intensité de la courbure du champ métrique par les masses et l'énergie). <u>Le ratio c / G nous indique la durée maximale pendant laquelle l'attraction de la gravitation (ou l'intensité de la masse - énergie sur le champ métrique) peut agir pour atteindre la vitesse limite c.</u>

(Voir CALCULS – CHAPITRE XV   page 191)

En mécanique newtonienne, on obtient, dans le système cgs : To = c / G soit $2,99792 \times 10^{10}$ cm/sec / $6,67 \times 10^{-8}$ cm^3/gm-sec^2 = $4,494 \times 10^{17}$ sec gm/cm^2. (1)

La valeur de To serait de $4,494 \times 10^{17}$ sec si le ratio gm/cm^2 était approximativement égal à l'unité.

Il convient maintenant d'affiner la valeur numérique du paramètre To obtenu. On sait, par hypothèse, que la constante To est une constante quantique. Par contre, la constante G est une constante macroscopique s'appliquant à des masses pondérables. La mesure précise de G a été effectuée à partir de masses considérables (par rapport à des masses atomiques) et avec un matériau de densité moyenne comparable à celle du fer (expérience de la balance de torsion de Cavendish 1798). Or, la physique quantique nous enseigne que les différents noyaux atomiques ont une énergie de liaison (packing-fraction d'Aston) plus ou moins importante et, de ce fait, un défaut de masse. L'énergie de liaison, par nucléon, pour les noyaux formés de 30 à 120 nucléons vaut plus de 8.5 Mev. Elle vaut environ 9 Mev pour les noyaux ayant un nombre de masse voisin de 56 (Fe). L'énergie d'un nucléon valant moins d'un milliard d'électrons-volts (celle du proton vaut 938,1 Mev), la packing-fraction d'Aston vaut donc approximativement 1 % de la masse pour les masses atomiques voisines de celle du fer. Il faut donc rectifier la valeur "macroscopique" de G par rapport aux masses des particules quantiques sans énergie de liaison nucléaire, électrons, nucléons, etc. En première approximation, la valeur " quantique " de G est ainsi : $G = 6,67 \times 10^{-8}$ cm^3/gm-sec^2 $\times 99/100 = 6,60 \times 10^{-8}$ cm^3/gm-sec^2. Nous obtenons pour G' : $6,67 \times 10^{-8}$ cm/sec² $\times 99/100 = 6,60 \times 10^{-8}$ cm/sec². Ceci donne une valeur plus précise de To : $2,99792 \cdot 10^{10}$ cm/sec / $6,60 \times 10^{-8}$ cm/sec² $= 4,5423 \times 10^{17}$ sec soit approximativment 14,4 milliards d'années.

Nous aurons, par la suite, l'occasion de raffiner encore plus cette valeur de To, en fonction de constantes purement quantiques, plus précises. La valeur de To a été établie par l'auteur en 1962.

De cette valeur, l'auteur a pu prédire une valeur théorique de la constante de Hubble Ho comme il est indiqué au chapitre VII.

La valeur de la constante de gravitation temporaliste G' conduit à une interprétation nouvelle de la gravitation avec une portée finie. Une des conséquences est le rayon de gravitation et la valeur quantitative des rayons de gravitation des grandes structures de l'univers (étoiles, galaxies, amas de galaxies, grands murs, grands vides, etc..). Une autre conséquence est l'explication et la valeur précise de l'accélération radiale anormale des engins spatiaux Pioneer 10, 11, Ulysse, etc. Les chapitres XI et XII décrivent les différents aspects de la gravitation temporaliste.

Si l'hypothèse temporaliste est exacte, le paramètre To, paramètre quantique, doit se manifester dans les phénomènes quantiques. C'est ce que nous avons vérifié dans le chapitre suivant < http://site.voila.fr/nobigbang>

G' constante quantique

La présence de la constante temporaliste dans différents phénomènes quantiques (effet Josephson, effet photo-électrique, constante de structure fine) découle de notre proposition $e = h/2\mu \times To$ d'où $e / h/2\mu = To$ ou $h/2\mu \times e = 1 / To$.

La voie que nous avons empruntée pour trouver la constante temporaliste To, c'est-à-dire le rapport entre la vitesse de la lumière c et la constante de gravitation (temporaliste) G', apparaît maintenant comme une approche pragmatique mais non fondamentale.

La démarche théorique fondamentale part du concept de To, constante quantique limitative, analogue à h, e ou c. Cette constante, nous venons de le voir, qui établit une relation entre e et h, joue un rôle majeur en électrodynamique quantique. Elle permet également de relier entre elles les constantes e, h et G' en posant la relation $G' = c / To$, rapport entre 2 constantes quantiques limitatives. G' apparaît donc ainsi comme une grandeur quantique. Nous examinerons, dans le chapitre XII, sa signification macroscopique et gravitationnelle.

Les chapitres précédents nous ont permis de constater que, conformément à l'hypothèse temporaliste, des phénomènes quantiques fondamentaux dépendent directement de la constante temporaliste To, tant en dimension qu'en valeur numérique. Arrivés à ce point de notre raisonnement, nous avons constaté qu'on peut éliminer l'origine gravitationnelle du paramètre To. Sa signification et sa valeur purement quantiques ne sont plus dépendantes de la constante de gravitation G'. La présence de la constante To au coeur des phénomènes quantiques est un argument puissant en faveur de l'hypothèse temporaliste qui semble incontournable. Il ne paraît pas possible d'expliquer autrement les coïncidences numériques des rapports c / G' et e / h, rapports entre constantes indépendantes. Aucune autre alternative explicative n'apparaît plausible.

Quatre effets quantiques

(Voir CALCULS page 193)

La constante To, paramètre quantique, se manifeste dans <u>4 effets quantiques</u> :

1) La charge électrique élémentaire e : h/bar x To
2) Le facteur de proportionnalité de l'effet Josephson : 2 e / h soit 2 e / h x 2µ, et, en fréquence angulaire, 2 To
3) Le facteur de proportionnalité du potentiel de freinage de l'effet photo-électrique est égal à 1 / To
4) Dans le modèle temporaliste, la constante de structure fine apparaît comme le rapport entre la charge électrique élémentaire e et le paramètre G' (c / To).

CHAPITRE XII

La gravitation temporaliste

L'existence, dans l'univers physique, de la constante To entraîne des conséquences dans l'approche temporaliste des forces gravitationnelles ou, plus précisément, du phénomène gravitationnel. L'auteur n'a pas la prétention de présenter ici un nouveau modèle de la gravitation. Il a simplement essayé de montrer comment le modèle temporaliste a des implications nécessaires dans l'interprétation du fait gravitationnel.

Nous avons vu que l'existence de la constante To conduisait, sans autre hypothèse, au phénomène du décalage spectral z des galaxies (chapitre VII). Ce décalage spectral de l'onde électromagnétique correspond à une diminution de la fréquence v ou w (fréquence angulaire) du photon et donc de son énergie. Corrélativement au décalage spectral, on peut considérer, en première approximation, que la diminution de la fréquence du photon est proportionnelle à la durée t qui s'est écoulée entre l'instant de son émission Te et celui de sa réception Tr soit Åw = E - E' / E = t / To (avec E énergie émise et E' énergie reçue) L'énergie du photon E = hw varie donc au cours du temps et sa diminution est proportionnelle, également en première approximation, à la durée de propagation du photon ÅE = hwe - hwo / hwe = t / To (avec hwe énergie émise et hwo énergie observée).

Il est équivalent de parler de décalage spectral ou de diminution de fréquence (ou d'énergie) de l'onde puisqu'il s'agit de différents aspects du même phénomène quantique. La valeur de ce phénomène temporaliste quantique est très faible. C'est la raison essentielle pour laquelle la mécanique quantique ne l'a ni décelé ni pris en compte jusqu'ici. Il n'a pu apparaître, dans l'effet Hubble-Humason, qu'à des distances minimales de 1/2 à 1 million de parsecs soit des distances minimales de 1 million 1/2 à 3 millions d'années-lumière. L'expansion des galaxies n'apparaît qu'au-delà du Groupe local, lorsqu'elle se distingue des vitesses locales des galaxies. Il n'en demeure pas moins que ce phénomène de diminution de l'énergie des photons qui se propagent dans l'espace est un phénomène continu, qui affecte tous les photons, dès leur émission.

L'existence de la constante To implique une conception évolutive de l'énergie des photons. De même que le neutrino a été "inventé" par Pauli pour expliquer les bilans d'énergie dans les désintégrations radioactives, il nous semble rationnel et fécond de supposer que la perte d'énergie des photons qui se propagent dans l'univers, se produit sous la forme de particules (ou d'ondes) émises par les photons. Il ne semble pas y avoir d'autre alternative qui permette de préserver le principe de conservation de l'énergie, tout en autorisant un concept évolutif de la physique du photon, en accord avec l'existence de la constante To. Nous verrons, en confrontant cette hypothèse avec les faits, que cette supposition s'avère justifiée.

Partant donc de l'hypothèse que la diminution de l'énergie du photon (ou le décalage spectral) se manifeste par l'émergence de nouvelles particules, que nous nommerons particules X, il en découle celle d'un champ de particules X que nous pouvons, par commodité, désigner sous le terme de champ temporaliste. Il devient immédiatement évident que l'existence de ce champ temporaliste a une incidence considérable sur la gravitation.

La gravitation a connu trois étapes importantes dans l'histoire de la physique : la gravitation newtonienne, la théorie relativiste de la gravitation et les théories métriques qui en dérivent et les tentatives de théories quantiques de la gravitation. Le modèle des supercordes semble impliquer, de façon théorique, l'existence d'un champ gravitationnel (Brian Greene 2000).

Dans ces trois groupes de théories, la gravitation est définie, soit comme un couplage entre les masses (Newton 1687), soit comme une courbure du champ métrique par les masses et l'énergie (Einstein 1916), soit comme une force d'échange entre champs quantiques dont le vecteur serait le graviton (théorie quantique des champs). Le tronc commun de ces différentes interprétations de la gravitation est l'existence d'un champ (attractif, métrique ou quantique) dont l'intensité est donnée par la constante de couplage G ou sa dérivée einsteinienne $8\mu G/c^2$. Cette constante a une valeur contingente, empirique, qui ne découle pas de la théorie. L'intensité du champ gravitationnel est constatée. Elle n'est pas déduite conceptuellement de la théorie.

Dans ces trois groupes de théories de la gravitation, l'espace, en dehors des sources de champs (les masses et l'énergie ou les particules) peut être considéré comme un espace vide ou quasi-vide, en dehors des fluctuations quantiques. Dans le modèle temporaliste, il ne peut en être ainsi puisque les photons alimentent, de façon continue, le champ temporaliste dont le vecteur est la particule X. L'espace est doté d'un niveau d'énergie correspondant à la production continuelle de particules X par les photons.

Comment déterminer l'état d'énergie correspondant à l'existence dans l'espace du champ temporaliste ? C'est ici qu'apparaît la signification profonde et la justification de la dimension du paramètre G' que nous avons utilisé précédemment. Nous avions formulé l'hypothèse d'une dimension LT^{-2} (celle d'une accélération) de la constante de gravitation G' dans le modèle temporaliste alors que la dimension newtonienne est $M^{-1}L^3T^{-2}$. En théorie newtonienne, de même qu'en gravitation relativiste, la constante de gravitation G est un paramètre attaché aux masses et à l'énergie. Ce paramètre, comme nous l'avons rappelé plus haut, donne l'intensité du couplage entre les masses ou entre les masses (et l'énergie) et le champ métrique.

La gravitation temporaliste interprète différemment le paramètre G'. L'existence du champ temporaliste implique celle d'un champ énergétique dans l'espace, en l'absence même de particules de matière ou d'énergie. Conformément au principe cosmologique, on pourrait considérer, <u>en première approximation</u>, l'univers comme isotrope et homogène. Ce champ énergétique du champ temporaliste peut être considéré comme l'énergie associée au potentiel de gravitation d'un champ gravitationnel universel. Ce potentiel gravitationnel, homogène à une accélération, dérive du champ temporaliste et non plus des masses présentes. Le rapprochement des 2 constantes limitatives c et To nous en donne sa valeur: G' (constante universelle d'accélération) x To (temps limite) = c (vitesse limite). Dans le S.I., $6,582 \cdot 10^{-10}$ m/sec^2 x $4,5546 \cdot 10^{17}$ sec = $2,997925 \cdot 10^{8}$ m/sec. Dans le système cgs, $6,582 \cdot 10^{-8}$ cm/sec^2 x $4,5546 \cdot 10^{17}$ sec = $2,997925 \cdot 10^{10}$ cm/sec. En dimensions, $LT^{-2} \times T = LT^{-1}$.

Le paramètre G' est ainsi, en gravitation temporaliste, une constante attachée au champ temporaliste universel, sa dimension étant celle d'une accélération. G', dans le modèle temporaliste, n'est plus attaché à la matière, d'où la disparition de M dans son équation aux dimensions. G' est le potentiel d'accélération universel associé à l'existence du champ temporaliste. G', rapport entre 2 constantes quantiques, c et To, apparaît donc également comme une constante quantique. G', constante de gravitation temporaliste, n'est plus un paramètre empirique, contingent, calculé selon les observations. Il découle, <u>théoriquement</u>, du rapport entre les 2 constantes c et To.

Comment le modèle temporaliste interprète-t-il le phénomène de la gravitation ?

Dans le modèle temporaliste, les masses et l'énergie ne sont plus, comme dans les théories classiques de la gravitation, les sources des champs (gravitationnel ou métrique). Les masses et l'énergie sont considérées comme des paramètres perturbateurs du potentiel d'accélération universel. Les vecteurs de ce potentiel d'accélération universel, les particules X, peuvent être assimilés à des gravitons. Les masses et l'énergie, par effet d'écran (diffusion ou absorption), perturbent le champ temporaliste isotrope et équilibré de gravitons dont le potentiel, en l'absence de masse, doit être considéré comme un potentiel d'accélération de valeur G'. La présence de matière et d'énergie exerce une action dissymétrique sur ce potentiel d'accélération par l'effet d'écran qu'elle produit sur la propagation des particules X ou gravitons. C'est la modification locale du potentiel d'accélération par l'effet perturbateur des masses et de l'énergie qui apparaît à l'observateur comme un phénomène gravitationnel (théorie newtonienne) ou une courbure de l'espace-temps (gravitation relativiste). Cette modification du champ d'accélération isotrope par les masses et l'énergie apparaît donc comme un champ de force dissymétrique qui attire les masses ou comme une courbure du champ métrique quadridimensionnel.

On peut assimiler, en dernière analyse, l'effet perturbateur du champ d'accélération temporaliste par les masses à celui de leur section efficace selon $M \sim L^2$. En appliquant cette valeur à l'équation aux dimensions de la pression, nous obtenons $ML^{-1}T^{-2} = L^2L^{-1}T^{-2} = LT^{-2}$ (une accélération).

Le champ temporaliste d'accélération peut être assimilé à un champ de pression dont l'équation aux dimensions est donnée par p (pression) = F (force) / S (surface) soit $MLT^{-2} / L^2 = L^2L^{-1}T^{-2} = LT^{-2}$ (une accélération). Les paramètres perturbateurs, ou les sources du champ gravitationnel ou métrique, sont proportionnels aux masses. Or, les sections efficaces de diffusion des masses sont également proportionnelles aux masses. Le barn (10^{-24} cm^2) est la section efficace d'un gros noyau de matière (de valeur approximative 10^{-24} g). Nous avons vu au chapitre XI que le ratio gm /

cm^2 était approximativement égal à l'unité. On peut donc énoncer un principe d'équivalence nucléaire entre section efficace en cm² et matière en gr. La densité nucléaire étant approximativement identique pour tous les noyaux d'atomes, la section efficace des atomes est, en première approximation, proportionnelle à leur masse : $M \sim L^2$. On doit néanmoins indiquer que l'effet d'écran du paramètre perturbateur des masses dépend de leur composition nucléaire, la densité nucléaire des noyaux variant légèrement selon leur composition nucléaire. L'effet d'écran du paramètre perturbateur des masses est également proportionnel à l'inverse du carré des distances des masses $1/r^2$.

On sait que les forces de gravitation ou les tenseurs de courbure de l'espace métrique sont proportionnels aux masses (et à l'énergie). Ce fait s'explique logiquement en gravitation temporaliste puisque la masse correspond au paramètre perturbateur du champ gravifique isotrope universel. On a vu que le pouvoir perturbateur de la masse peut être assimilé, en première approximation, à celui de sa section efficace L^2. La masse agit en déformant le champ d'accélération isotrope et cette action est d'autant plus considérable que la masse (ou sa section efficace L^2 correspondante) est importante et l'espace considéré plus proche de la masse. La constante de proportionnalité avec la distance est donné par le facteur bien connu $1/r^2$.

Dans les théories classiques de la gravitation, l'interaction gravifique a une portée infinie. Dans le modèle temporaliste, il ne peut plus en être ainsi. La portée de la perturbation du champ gravifique des gravitons par les masses est limitée par la valeur du champ universel d'accélération soit G' (6,582 10^-10 m/sec² dans le S.I. ou 6,582 10^-8 cm/sec² dans le système cgs). La perturbation provoquée par la présence des masses et de l'énergie sur le champ universel d'accélération se manifestera par l'émergence d'un champ local d'accélération. Cet effet d'écran ou perturbateur ne sera perceptible que s'il est supérieur au champ universel d'accélération. Autrement dit, si l'intensité de la perturbation apportée par l'effet d'écran des masses au champ d'accélération universel est inférieure à G', l'action perturbatrice des masses ne se fera plus sentir. La gravitation temporaliste a donc une <u>portée limitée.</u>

Comparons la formulation de la force de gravitation qui s'exerce entre les masses m et m' :

En théorie newtonienne, $F = Gmm'/r^2$ et l'équation aux dimensions donne $F = M^{-1}L^3T^{-2} \times M^2/L^2 = MLT^{-2}$.

Dans le modèle temporaliste, $F = G'mm' / r^2$ et l'équation aux dimensions donne $F = LT^{-2} \times L^2 \times L^2 / L^2 = L^3T^{-2}$ et, en appliquant $M \sim L^2$, $L^3T^{-2} = MLT^{-2}$.

Dans le modèle temporaliste, on obtient, pour le champ de gravitation terrestre, $g = G'M / r^2$ soit $LT^{-2} \times L^2 / L^2 = LT^{-2}$.

Nous pouvons calculer la <u>portée limitée de la gravitation temporaliste</u> en utilisant, en première approximation, l'équation aux dimensions temporaliste de la force de gravitation newtonienne : $F = G'mm' / r^2$ soit $F = LT^{-2} \times L^2 \times L^2 / L^2 = L^3T^{-2}$ et, en appliquant $M \sim L^2$, $L^3T^{-2} = MLT^{-2}$. Pour le champ d'accélération local, mG' / r^2, nous obtenons $L^2 \times LT^{-2} / L^2 = LT^2$.

Le champ d'accélération local, pour être perceptible, doit être supérieur au champ universel d'accélération G'. Nous posons donc $mG' / r^2 > G'$ d'où $mG' / G' > r^2$ ou $m > r^2$ soit $r < m\ ½$ et avec l'équivalence $M \sim L^2$, nous obtenons $r < L$

La gravitation temporaliste impose donc aux concentrations de matière dans l'univers une limite spatiale supérieure donnée par la formule approchée <u>r = m ½. C'est le rayon de gravitation des masses.</u> Cette restriction est propre à la gravitation temporaliste. Elle ne s'applique pas aux autres théories de la gravitation puisque, dans celles-ci, la portée de la gravitation est infinie.

La Relativité Générale (géométrique) et le modèle temporaliste ((physique)

La Relativité Générale : modèle géométrique

Le concept d'espace-temps de la relativité générale

Le continuum espace-temps de la relativité générale comporte quatre dimensions, 3 d'espaces et une de temps ; un évènement se positionne dans le temps et l'espace par ses coordonnées ct, x, y et z, qui dépendent toutes du référentiel. Dans l'état actuel des connaissances, seul l'espace-temps, conçu comme concept unifié, est mathématiquement un espace de Minkowski en relativité restreinte et un espace courbe quelconque en relativité générale. Il est invariant quel que soit le référentiel choisi. La mesure du temps peut être transformée en mesure de distance (t x c = ct) ; on peut donc dire que le temps, c'est de l'espace (ou plutôt un mouvement dans l'espace). Néanmoins, le temps et l'espace ont de grandes différences (John Wheeler). L'idée centrale de la relativité est qu'on ne peut parler de quantités comme la vitesse ou l'accélération sans avoir choisi un cadre de référence, un référentiel. La description géométrique de la théorie physique due à Einstein trouve ses origines dans les avancées de la géométrie non euclidienne généralisée par Bernhard Riemann en géométrie riemanienne. La relativité restreinte postule que ce référentiel peut être étendu indéfiniment dans l'espace et le temps. Elle ne traite que de référentiels dits inertiels. La relativité générale traite les référentiels accélérés ou non, mathématiquement parlant. Cette équation est à la base de la fameuse formule qui dit que la courbure de l'espace définit le mouvement de la matière, et que la matière définit la courbure de l'espace (les deux étant équivalents).

Traduit dans l'espace physique, la présence d'un corps massif affectera la courbure de l'espace, ce qui semblera, vu de l'extérieur, altérer la course d'un rayon lumineux ou d'un objet en mouvement qui passe dans son voisinage. La relativité générale se distingue des autres théories existantes par la simplicité du couplage entre la matière et la courbure géométrique

Quant au temps, il s'agit toujours d'une durée locale et non du temps universel.

La relativité générale est une théorie relativiste de la gravitation. Elle récuse les concepts de la gravitation newtonienne et son concept de force. Elle énonce que la gravitation n'est pas une force mais est la manifestation de la courbure de l'espace (en fait de l'espace-temps), courbure elle-même produite par la distribution de matière. Selon John Archibal Wheeler : « La matière et l'énergie disent à l'espace-temps comment se courber, et la courbure de l'espace-temps dit à la matière comment se comporter ». Pour Einstein, le mouvement d'un corps n'est donc pas déterminé par des forces mais par la configuration de l'espace-temps. C'est une « géométrisation » de la physique. Si l'on prend l'exemple de la terre et du soleil, selon la relativité générale, c'est une perturbation de l'espace-temps introduite par la matière du soleil qui est à l'origine du mouvement de la terre.

De nombreux tests expérimentaux n'ont pu mettre la relativité générale en défaut, à l'exception de l'anomalie Pioneer, de la matière noire et de l'effet Casimir.

Le principe d'équivalence

Le principe d'équuivalence d'Einstein qui postule l'identité entre la matière gravifique et la matière inertielle peut s'énoncer : « tous les systèmes de référence en chute libre sont équivalents pour l'expression des lois physiques non gravitationnelles, quel que soit leur état de mouvement et leur localisation ». Les référentiels en chute libre ne peuvent être que locaux. Le principe d'équuivalence d'Einstein, qui est purement local, n'interdit pas à la géométrie de l'espace-temps de changer d'un point à un autre. Au contraire, un tel changement de géométrie permet de résoudre le problème de la gravitation. . En relativité générale, la trajectoire de particules libres comme les photons est une ligne droite dans un référentiel local inertiel. Dès que ces lignes sont étendues au-delà de ce référentiel local, elles n'apparaissent plus droites mais sont connues sous le nom de géodésiques. Le principe d'équivalence postule qu'il n'y a pas lieu de distinguer localement un mouvement de chute libre dans un champ gravitationnel, d'un mouvement uniformément accéléré en l'absence de champ gravitationnel. Il est dès lors naturel de considérer le mouvement d'une particule en chute libre dans un champ gravitationnel comme défini par une géodésique d'une métrique plus complexe qu'une métrique euclidienne. En fait, Einstein a introduit une généralisation dite « pseudo-riemanienne » de la métrique spatio-temporelle de la relativité restreinte. Il modélise l'espace-temps en une variété pseudo-riemannienne quadridimensionnelle et son équation du champ gravitationnel relie la courbure de la variété en un point, au tenseur-impulsion en ce point, ce tenseur étant une mesure de la densité de matière et d'énergie (la matière et l'énergie sont considérées comme équivalentes).

Comment calculer la courbure de l'espace-temps créée par une distribution de matière ? On le fait grâce aux équations d'Einstein, qui relient courbure de l'espace-temps et distribution de matière. Ces équations sont si complexes qu'on ne peut les résoudre que dans des exemples très simples, comme celui d'une étoile isolée.

<u>La constante cosmologique</u> $\wedge$:

Einstein introduisit la constante cosmologique $\wedge$ pour qu'un univers statique (ni en expansion ni en contraction) soit une solution de ses équations. Dix ans plus tard, lorsque Edwin Hubble proposa que l'univers soit en expansion, Einstein supprima alors la « constante cosmologique $\wedge$ » de ses équations, regrettant que l'introduction de cette constante $\wedge$ fut « la plus grave erreur de sa vie ».

La constante de gravitation einsteinienne $8\mu G/c^2$.

La mesure absolue de G fut faite par Cavendish (1731 – 1810) en 1798. La constante de gravitation G vaut $M^{-1}L^3T^{-2} = 6,67259 \times 10^{-11}$ m3 kg-1 s^{-2}

Preuves observationnelles ou expérimentales de la relativité générale

1) La précession du périhélie de Mercure.

2) La courbure des rayons lumineux passant près d'une masse est détectée en observant les étoiles proches du soleil pendant une éclipse (1919)

3) Les mirages gravitationnels observés (effet de lentille d'une masse importante ou de masses noires se trouvant sur le trajet de rayons lumineux)

4) La dérive gravitationnelle des horloges prise en compte dans les systèmes de localisation par satellites (GPS)

5) La prédiction des ondes gravitationnelles : les recherches se poursuivent mais certaines preuves indirectes semblent favorables à cette prédiction

6) Le concept des « trous noirs » succédant à des supernovae, qui découle des équations de la relativité générale, bénéficie d'évidences expérimentales indirectes

Le concept de la constante cosmologique Λ introduit, dans un premier temps, par Einstein, puis récusé par lui, dans un second temps, « la plus grave erreur de sa vie », est très discutable, comme nous l'exposons dans différents chapitres, en raison de ses contradictions observationnelles cosmologiques

Critique du modèle géométrique de la relativité générale

L'espace-temps einsteinien de la relativité générale, dont la géométrie est courbée par la présence de matière-énergie, est un concept anthropique. S'il s'agit du vide, celui-ci n'ayant aucune propriété, par définition, ne peut être courbé. S'il ne s'agit pas du vide, est-ce un espace mathématique ou un espace physique ? Si cet espace est mathématique, quel est son lien avec la réalité physique ? S'il est physique, susceptible d'être courbé par la matière-énergie, qu'est-ce qui le différencie du vide ?

Le modèle temporaliste : modèle physique

La gravitation temporaliste interprète, différemment du paramètre newtonien G ou de la constante de gravitation einsteinienne : $8\mu G/c^2$, le paramètre temporaliste G'. L'existence du champ temporaliste implique celle d'un champ énergétique dans l'espace, en l'absence même de particules de matière ou d'énergie.

Comment déterminer l'état d'énergie correspondant à l'existence dans l'espace du champ temporaliste ? C'est ici qu'apparaît la signification profonde et la justification de la dimension du paramètre G' que nous avons utilisé précédemment. Nous avions formulé l'hypothèse d'une dimension LT^{-2} (celle d'une accélération) de la constante de gravitation G' dans le modèle temporaliste alors que la dimension newtonienne est $M^{-1}L^3T^{-2}$. Dans les théories newtonienne et relativiste, la constante de gravitation G (ou $8\mu G / c^2$) est un paramètre attaché aux masses et à l'énergie. Ce paramètre, comme nous l'avons rappelé plus haut, donne l'intensité du couplage entre les masses ou entre les masses (et l'énergie) et le champ métrique (l'espace-temps).

Dans les théories classiques de la gravitation, l'interaction gravifique a une portée infinie. Dans le modèle temporaliste, la portée de la perturbation du champ gravifique des gravitons par les masses est limitée par la valeur du champ universel d'accélération soit G' ($6,582 \cdot 10^{-10}$ m/sec² dans le S.I. ou $6,582 \cdot 10^{-8}$ cm/sec² dans le système cgs). La perturbation provoquée par la présence des masses et de l'énergie sur le champ universel d'accélération se manifestera par l'émergence d'un champ local d'accélération. Cet effet d'écran ou perturbateur ne sera perceptible que s'il est supérieur au champ universel d'accélération. Autrement dit, si l'intensité de la perturbation apportée par l'effet d'écran des masses au champ d'accélération universel est inférieure à G', l'action perturbatrice de celles-ci ne se fera plus sentir. La gravitation temporaliste a une portée limitée. Cette limite spatiale supérieure est donnée par la formule approchée $r = m^{1/2}$. C'est le rayon de gravitation des masses.

En réalité, le concept einsteinien d'espace-temps peut s'interpréter de façon ananthropique, c'est-à-dire sans irrationalité ni contradiction, par le modèle de gravitation que l'auteur propose : <http://site.voila.fr/nobigbang>. Dans ce modèle, le vide est rempli par un champ d'accélération universel de gravitons ; la matière et l'énergie (étoiles, galaxies, nuages, amas et superamas, etc…) sont les facteurs perturbateurs de ce champ d'accélération universel de gravitons. Ils déforment localement ce champ d'accélération (physique). Cette déformation correspond à la « courbure » (géométrique) de l'espace-temps de la relativité générale.

Le modèle temporaliste ne s'oppose pas à la Relativité Générale. Il interprète le concept einsteinien (mathématique) d'espace-temps courbé en perturbation locale (physique), par les masses et l'énergie, du champ d'accélération universel de gravitons. Le modèle temporaliste y ajoute un élément fondamental : la portée de la gravitation est finie.

La validation de ce modèle est apportée par de très nombreuses vérifications (Chapitre XII : Masses et rayons de gravitation).

Masses et rayons de gravitation

Preuves observationnelles de la gravitation temporaliste

Nous avons vu que la portée du rayon de gravitation des masses, postulé par le modèle temporaliste, est donnée par la formule $r = m^{1/2}$ (r = rayon, m = masse). Le rayon de gravitation constitue la limite des liens gravitationnels entre des masses, faibles ou importantes (comme les étoiles, galaxies, amas, etc....) c'est-à-dire que la portée du rayon de gravitation d'une masse ne peut être qu'égale ou inférieure à r, autrement dit à l'accélération G' ($6,582 \cdot 10^{-8}$ cm/sec^2) du champ gravifique. En mécanique newtonienne, l'accélération due aux masses est également de mG / L^2. Ainsi, si nous appliquons cette formule à la Voie Lactée (masse environ 2 à 3 $\cdot 10^{45}$ g, rayon 50.000 A.L., nous obtenons (dans le système cgs) : 2,5 10^{45} g $\times$ 6,67 10^{-8} cm/s^2 / 5 10^{22} $\times$ 5 10^{22} cm = 6,67 10^{-8} cm/s^2. L'accélération, à la limite extérieure de notre galaxie, est égale à l'accélération du champ gravifique externe. Elle est donc neutralisée et, selon le modèle temporaliste, son rayon de gravitation est bien donné par la formule $r = m^{\wedge 1/2}$ (Chapitre XII) soit $2,5 \cdot 10.45^{\wedge 1/2} = 5 \cdot 10^{22}$ cm.

Nous allons calculer, pour les concentrations de masses connues, de la planète terre aux plus grandes structures de l'univers, le rayon de gravitation théorique, à portée finie, et le confronter aux dimensions observées de ces différentes masses (dans le système cgs). Lorsque les masses ne sont pas connues avec précision, nous avons estimé la masse totale d'une structure approximativement égale à environ 10 fois la masse visible (conformément aux estimations de 4 % de masse visible et de 24 % de masse noire : (28 / 4 = 7 soit environ 10 fois).

Avant d'entrer dans le vif du sujet, il faut rappeler que les masses et les distances des différentes structures, surtout si elles sont lointaines ont une précision très relative. Ainsi, ZWICKY (1933) indiquait que le rapport entre la masse dynamique et la masse visible d'une structure était de l'ordre de 400. Par ailleurs, il est généralement admis que la constante de proportionnalité entre décalage spectral et distance n'est généralement déterminée qu'à un <u>facteur 2 près</u>.

Compte tenu de toutes ces incertitudes, nous allons confronter le rayon de gravitation <u>théorique</u> de différentes masses cosmiques connues et leur rayon de gravitation <u>réel</u>, indiqué soit par les dimensions de ces masses soit par la limite de leur influence sur d'autres masses. Nous considérons que si nous avons, rarement, une différence d'un ordre de grandeur, cette différence est acceptable eu égard aux approximations des paramètres cosmiques.

1) <u>La terre</u> : masse 6 10^{27} g - <u>rayon de gravitation 7,7 10^{13} cm</u> - distance du satellite lunaire 3,5 10^{10} cm - magnétosphère environ $8 \cdot 10^9$ cm (Philippe Escoubet 2001).

2) <u>Le système solaire</u> : masse du soleil 2.10^{33} g - <u>rayon de gravitation 4,5 10^{16} cm</u> - limite du système solaire et de l'espace interstellaire 1,4 à 1,8 10^{15} cm (Nasa 1993), hélio pause 4,5 10^{15} cm, Nuage d'Ort influencé par les étoiles de la Voie Lactée 3 10.18 cm (Rosanna L. Hamilton 1999).

La ceinture de Kuiper actuelle est d'environ 34 U.A. soit 5 10^{14} cm ; l'interface entre le vent solaire et le gaz interstellaire qui s'étend sur plusieurs centaines de millions de km est l'héliopause (environ 94 U.A. soit 9,4 10^{14} cm). Le choc terminal entre le vent solaire et le gaz interstellaire ionisé se situe à une distance de l'ordre de 100 U.A. (1,5 10^{15} cm) (Dossier Pour la Science N° 64 – Juillet-Septembre 2009).

Toutes ces mesures sont cohérentes.

3) <u>Les amas globulaires</u> :

Masse moyenne de 10.000 étoiles soit 2.10^{33} g x 10.000 = 2.10.37 g – masse totale estimée 2.10.38 g - <u>rayon de gravitation 1,4 10^{19} cm</u> - rayon moyen plusieurs dizaines d'A.L. soit 2 à 3 10^{19} cm (Hartmut Frommert - Christine Kronberg - 2001).

Masse moyenne 1 million d'étoiles soit 2.10^{33} g x 10.6 = 2.10^{39} g – masse totale estimée 2.10.40 g – <u>rayon de gravitation 1,4 10^{20} cm</u> - rayon moyen 200 A.L. soit 2.10^{20} cm (Hartmut Frommert - Christine Kronberg - 2001).

M92 - masse estimée environ 330.000 soleils soit 2.10^{33} g x 330.000 = 6,6 10^{38} g - - <u>rayon de gravitation 2,6 10^{19} cm</u> - rayon 30 à 42 A.L. soit 3 à 4 10^{19} cm (Hartmut Frommert - Christine Kronberg - 2001).

4) <u>La Voie Lactée</u> : 200 milliards d'étoiles soit 2.10^{11} x 2.10^{33} g = 4.10^{44} g, masse estimée 4.10^{44} g x 10 = 4.10^{45} g - <u>rayon de gravitation $6,3.10^{22}$ cm</u> - rayon 50.000 A.L. soit 5 10^{22} cm - galaxie naine satellite SagDEG à 5 10^{22} cm (Hartmut Frommert - Christine Kronberg - 1999) ; les satellites de la Voie Lactée, le Petit et le Grand Nuage de Magellan sont situés à 60 Kpc de notre galaxie soit 2.10^{23} cm.

5) <u>Les amas de galaxies</u> : Amas typique 10^{15} masses du soleil soit $2 \cdot 10^{33}$ g x 10^{15} = $2 \cdot 10^{48}$ g - <u>rayon de gravitation 1,4 10^{24} cm</u> - rayon Abell typique 1,5 Mpc soit 5 10^{24} cm -(amas Coma) (Cambridge Cosmology).

Selon un consensus des spécialistes, nous avons retenu les chiffres suivants :

Groupe de 10 galaxies : masse moyenne 10^{13} masses du soleil soit 2.10^{46} g (masse moyenne d'une galaxie <u>2.10^{45} g</u>).

Amas standard : 500 galaxies, masse moyenne 3.10^{14} masses du soleil soit 6.10^{47} g (masse moyenne d'une galaxie $\underline{1,2.10^{45} \text{ g}}$).

Amas riche : 3.000 galaxies, masse moyenne 5.10^{15} masses du soleil soit 1.10^{49} g (masse moyenne d'une galaxie $\underline{3.10.45 \text{ g}}$).

Nous avons donc retenu la masse de $2 \ 10^{45}$ g comme masse moyenne d'une galaxie avec un rayon de gravitation moyen = $\underline{5.10.22 \text{ cm}}$.

6) <u>Amas de la Vierge (Virgo)</u> : masse estimée $8 \ 10^{48}$ g – <u>rayon de gravitation $3 \ 10^{24}$ cm</u> – distance maximale des galaxies au centre de l'amas : 7 millions A.L. soit $7 \ 10^{24}$ cm.

7) <u>Les superamas de galaxies :</u> 10 à 32 amas par superamas en moyenne - Notre superamas (qui contient le Groupe Local), centré sur Virgo, masse 10^{16} masses du soleil soit $2 \ 10^{33}$ g x $10.16 = 2 \ 10^{49}$ g - le ratio matière/luminosité étant de 570 indique la présence d'une importante masse noire - <u>rayon de gravitation probable $4,5 \ 10^{24}$ cm / 1.10^{25} cm</u> (environ 1,5 à 3 Mpc) - rayon $2 \ 10^{25}$ cm (Cambridge Cosmology)

8) <u>Le Grand Attracteur :</u> super superamas dont le centre est le superamas ACO 3627 (ou amas Norma) masse $5 \ 10^{16}$ masses du soleil soit 2.10^{33} g x $5.10^{16} = 1.10^{50}$ g (sa masse est probablement plus importante ; on soupçonne l'existence d'autres superamas non détectés) <u>rayon de gravitation 1.10^{25} cm</u> - distance de la terre 60 Mpc soit $1,8 \ 10^{26}$ cm. Les données sont incertaines, en raison du fait que le Grand Attracteur a longtemps été caché par les poussières du disque de la Voie Lactée. (Kraan-Korteweg 1998 - 2000).

9) <u>Les Grandes Structures de l'univers:</u> Les galaxies, constituées d'étoiles, de gaz, de poussières et de masse noire, sont regroupées en amas de galaxies, puis en superamas de galaxies regroupés dans de gigantesques formations, grands murs, filaments et grands vides. L'univers est structuré, selon les auteurs, en mousse, en éponge, feuillets, crêpes ou toile d'araignée tridimensionnelle. En réalité, on peut considérer que l'univers est structuré en filaments formés de gaz, de poussières, d'étoiles, d'amas et de superamas de galaxies, de masse noire et de grands vides. Le modèle standard de la cosmologie est incapable d'expliquer les causes de l'existence de ces structures et des vastes vides. Le modèle temporaliste, a contrario, propose une explication simple de la structure de l'univers et de la raison de l'existence des filaments et des grands vides. Le Chapitre IX (L'évolution des galaxies - Les grandes structures de l'univers) expose cette proposition avec plus de détails.

10) Rayons moyens de gravitation et distances moyennes :

Les étoiles dans les galaxies: rayon de gravitation $4 \cdot 10^{16}$ cm - distance moyenne 1 psc soit $3 \cdot 10^{18}$ cm.

Les galaxies dans les groupes et amas : rayon de gravitation $4 \cdot 10^{22}$ cm - distance moyenne 1 Mpc soit $3 \cdot 10^{24}$ cm.

Les amas de galaxies dans les superamas : rayon de gravitation $1,4 \cdot 10^{24}$ cm - distance moyenne de 1 à 10 Mpc soit $3 \cdot 10^{24}$ cm à $3 \cdot 10^{25}$ cm.

Les superamas de galaxies : rayon de gravitation $5 \cdot 10^{24}$ cm à $1 \cdot 10^{25}$ cm - distance moyenne 100 Mpc soit $3 \cdot 10^{26}$ cm.

Les vides ont des dimensions moyennes égales à $1 \cdot 10^{26}$ cm ou supérieures ($1 \cdot 10^{27}$ cm).

Conclusions : Si on résume les résultats précédents, on constate que, conformément aux exigences du modèle temporaliste, les dimensions ou l'influence gravitationnelle des concentrations de matière, de la terre aux plus grandes structures, sont, en ordre de grandeur, égales ou inférieures aux rayons de gravitation. Seul le Grand Attracteur fait exception, à un ordre de grandeur près. Il est vraisemblable que sa masse ou sa distance, ou les deux, sont à réviser. Ceci est d'autant plus probable que le Grand Attracteur est caché par les poussières du disque de la Voie Lactée, ce qui altère la précision des mesures. La dimension des vides, de l'ordre de 10^{26} cm et plus, s'explique également par le rayon de gravitation inférieur des superamas de galaxies de l'ordre de $1 \cdot 10^{25}$ cm.

Les théories classiques de la gravitation chez lesquelles la portée des forces est illimitée, de même que le Big Bang, ne peuvent rendre compte ni des résultats précédents ni de leur précision. L'univers apparaît structuré avec une périodicité de distribution dans les trois dimensions, séparée par des vides en moyenne de 120 Mpc ($4 \cdot 10^{26}$ cm), comme dans un échiquier. Ces structures, incompréhensibles dans les modèles précédents, découlent naturellement de la portée finie des rayons de gravitation propre au modèle de gravitation temporaliste.

La formation de ces larges vides pose d' ailleurs un problème grave au modèle du Big Bang. Pour traverser un vide de l'ordre de $4 \cdot 10^{26}$ cm, à la vitesse moyenne pour une galaxie de 600 Km/sec, il lui faudrait environ 200 milliards d'années, ce qui signifie que la situation actuelle des galaxies et des vides reflète leur situation à l'époque du Big Bang !

Le chapitre XII valide, pour des masses allant de celle de la terre jusqu'à celles des plus grandes structures de l'univers (superamas de galaxies, grands vides, etc...) la relation entre leur masse et leur rayon de gravitation.

Le modèle temporaliste propose un univers sans commencement ni fin avec de nombreuses conséquences. Il permet de résoudre de nombreux problèmes propres au modèle du Big Bang. Il propose une série de tests précis susceptibles de le confirmer ou de l'infirmer (chapitre XIV).

Nous verrons, dans les conclusions, que le paradoxe d'Olbers ainsi que de nombreuses difficultés du modèle du Big Bang trouvent leur solution naturelle dans l'optique d'un univers temporaliste. Celui-ci se présente, cosmologiquement, comme un univers, spatialement, relativement stationnaire mais temporellement, dynamique et évolutif.

La valeur de l'effet temporaliste ou "effet de fuite" à 1 Mpc = 67,71 Km/sec et celle de $H_o = 1 / 4,5546 \cdot 10^{17}$ sec (environ 14,43 milliards d'années) ont été <u>établies théoriquement par l'auteur en 1962.</u>

Les dernières données fournies par WMAP 5 (Table 7 – Cosmological Parameter Summary – 2008) indiquent H_o = 71,9 (+ 2,6 – 2,7) km/s/Mpc et to = 13,69 (+- 0,13) milliards d'années

Rappelons les valeurs de H_o et T_o que nous avons obtenues au chapitre VII. En comparant la valeur observationnelle et la valeur théorique de H_o : 69,2 Km/sec/Mpc (71,9 – 2,7) pour la première et 67,71 Km/sec/Mpc pour la seconde, nous obtenons un écart de 2,16 %. Cet écart est négligeable si l'on considère la marge d'incertitude des données de WMAP 5 : de 3,2 % (+2,6) à 3,75 % (-2,7). Ajoutons que la valeur de H_o fournie par WMAP 5 intervient après 80 années de recherches et de rectifications dont 69,2 Km/sec/Mpc est la mouture la plus récente mais sûrement pas la dernière alors que la valeur théorique proposée par l'auteur dès 1962 n'a plus bougé. La valeur de la constante de Hubble H_o fournie par la NASA (2008) est le résultat de très nombreuses observations cosmologiques et du travail acharné d'une multitude de chercheurs. Le projet SDSS (Sloan Digital Sky Survey), avec l'étude du décalage spectral de 221.414 galaxies, ne modifie pas cette estimation. Toutefois, en raison même de la nature des observations, la précision des résultats ne peut être que relative (comme par exemple la distance des corps célestes lointains, galaxies ou amas de galaxies) alors que <u>la valeur de la constante H_o, établie théoriquement et proposée par l'auteur est très précise car elle est fondée sur la précision des constantes universelles et quantiques qu'il utilise (c, G, h, e).</u>

De la loi de Hubble $v = H_o \times d$ où v = vitesse de récession en km/sec, H_o = constante de Hubble en km/sec/Mpc et d = distance en Mpc., on tire $H_o = v / d = 69,2$ km/sec / $3,084 \ 10^{19}$ km $(3,15576 \ 10^7 \text{ sec} \times 10^6 \times 3,26 \times 2,997925 \ 10.5$ Km/sec) = $2,243 \ 10^{-18}$ sec. Si l'univers a une très basse densité de matière, ce qui est le cas, l'âge de l'univers est égal à $1/H_o$ soit to = $1 / 2,243 \ 10^{18}$ sec = $4,458 \ 10^{17}$ sec. soit environ 14,12 milliards d'années. Les écarts avec les valeurs obtenues par l'auteur sont, comme pour les valeurs de H_o, de l'ordre de 2,15 % ($H_o = 67,71$ Km/sec/Mpc et To = $4,5546 \ 10^{17}$ sec), c'est-à-dire <u>dans la fourchette des incertitudes</u>.

Le Chapitre X : <u>La masse noire – L'effet PIONEER – La théorie MOND - L'effet CASIMIR</u> confirment, dans ces domaines, qualitativement et/ou quantitativement le modèle temporaliste.

SIXIEME PARTIE

Conclusions générales

Chapitre XIII

Résumé des critiques adressées aux différents concepts utilisés par le modèle standard du Big Bang

L'imposture du Big Bang

Les décalages spectraux

(Chapitre VIII)

L'expansion de l'univers et la récession des galaxies ne sont pas des données observationnelles. Elles découlent d'une interprétation des décalages spectraux des galaxies lointaines qui sont interprétés, dans le modèle du Big Bang, comme un effet cosmologique spatial dû à l'expansion de l'univers. Le concept d'expansion de l'espace physique revient à attribuer au vide des propriétés que, par définition, il ne peut posséder, comme la courbure par exemple. Il en est de même du concept de temps qui disparaît, sans justification, à la vitesse de la lumière.

Le modèle temporaliste, fondé sur l'hypothèse de l'existence de la constante quantique To, propose une alternative au modèle du Big Bang et une interprétation nouvelle du décalage spectral. Le modèle temporaliste l'interprète comme un phénomène <u>quantique et temporel</u> et non <u>cosmologique et spatial</u>. Selon le modèle temporaliste, le décalage spectral z des photons qui se déplacent dans l'espace est le résultat (en dehors de toute interaction extérieure) de l'influence de l'asymétrie du temps et de l'existence de la constante temporaliste To, sur les paramètres des photons. Il n'a aucun rapport avec le concept de « lumière fatiguée ».

Rappelons les dernières données fournies par WMAP 5 (Table 7 – Cosmological Parameter Summary – 2008) indiquent Ho = 71,9 (+ 2,6 – 2,7) km/s/Mpc et to = 13,69 (+ - 0,13) milliards d'années

Comparons la valeur observationnelle et la valeur théorique de Ho : 69,2 Km/sec/Mpc (71,9 – 2,7) pour la première et 67,71 Km/sec/Mpc pour la seconde, soit un écart de 2,16 %. Cet écart est négligeable si l'on considère la marge d'incertitude des données de WMAP 5 : de 3,2 % (+2,6) à 3,75 % (-2,7). Ajoutons que la valeur de Ho fournie par WMAP 5 intervient après 80 années de recherches et de rectifications dont 69,2 Km/sec/Mpc est la mouture la plus récente mais sûrement pas la dernière alors que la valeur théorique proposée par l'auteur dès 1962 n'a jamais bougé. Sa précision est fondée sur celle des constantes universelles et quantiques qu'il utilise (c, G, h, e).

<u>Cette valeur théorique obtenue par des considérations purement théoriques, est indépendante de toute donnée astronomique, ce qui renforce sa validité.</u>

Le fond diffus cosmologique (CMB - (Cosmic Microwave Background))

(Chapitre VIII)

Le fond diffus cosmologique n'est pas une preuve de l'existence du Big Bang. Ce n'est, encore une fois, qu'une interprétation d'un phénomène factuel, en corrélation avec un modèle hypothétique, le modèle du Big Bang. Le fond diffus cosmologique est interprété comme un rayonnement fossile datant de 380.000 ans après le Big Bang. Cette interprétation apparaît, de nouveau, comme une simple hypothèse et non comme une preuve du modèle du Big Bang.

L'hypothèse du fond diffus cosmologique, utilisée, à tort, comme validation de l'hypothèse de l'existence du Big Bang, entraîne un certain nombre de difficultés :

le problème de l'horizon
le problème de la platitude de l'univers (quasiment égale à sa densité critique)
le problème de l'homogénéité et de l'isotropie de l'univers
le problème de la singularité

Les diverses difficultés, engendrées par l'interprétation du fond diffus cosmologique en soi-disantes preuves du phénomène du Big Bang, ont contraint les partisans du modèle du Big Bang à susciter une nouvelle hypothèse ad hoc, le concept de l'inflation, beaucoup plus contestable et hypothétique, sans aucune assise expérimentale ou observationnelle, et qui viole les lois de la physique actuelle. Un argument majeur, qui entraîne le rejet des théories inflationnaires, est leur capacité à s'adapter à toutes les conditions initiales possibles (Voir l'opinion, très négative, de James Peebles, qui soutient le modèle du Big Bang « par défaut », sur l'inflation : « Les théories inflationnaires » page 83.

La nucléosynthèse primordiale

(Chapitre VIII)

La concordance des prévisions des abondances des noyaux légers à partir des hypothèses de base du Big Bang et des abondances actuelles de ces noyaux constituerait un point fort du modèle standard de la nucléosynthèse du Big Bang (Big Bang Nucleosynthesis). A contrario, leur discordance compromet le modèle standard de la nucléosynthèse du Big Bang.

Tout l'hydrogène et une partie de l'hélium et du lithium contenus dans l'univers se seraient formés dans les cent secondes suivant le Big Bang, Selon la théorie : les résultats entre les derniers calculs théoriques de nucléosynthèse et les données de WMAP 5 indiquent que les valeurs déduites du fond diffus cosmologique et les observations astrophysiques sont <u>concordantes</u> pour le deutérium, <u>simplement correctes</u> pour le 4hélium mais <u>discordantes pour le 7lithium</u>.

Ces graves discordances remettent en cause le modèle standard de la nucléosynthèse du Big Bang.

Les décalages spectraux, le fond diffus cosmologique et la nucléosynthèse primordiale constituent, aux yeux des partisans du modèle standard du Big Bang, les trois piliers de la théorie.

<u>On ne peut que constater que ces soi-disant piliers sortent très affaiblis de l'analyse critique que nous avons effectuée et dont les résultats, incontestables, vont à l'encontre du modèle du Big Bang et ruinent sa crédibilité.</u>

Le problème de l'horizon

(Chapitre VIII)

Le modèle standard de la cosmologie, le Big Bang, nécessite, pour résoudre le problème de l'horizon, une nouvelle hypothèse, l'hypothèse hautement spéculative de l'inflation, une hypothèse « non falsifiable », dont nous avons analysé les nombreuses difficultés et qui, loin de résoudre le problème de l'horizon, ne fait qu'accumuler les difficultés.

La réponse au problème de l'horizon par l'existence d'une forme de matière à pression négative dans l'univers, sans aucune validation expérimentale ou observationnelle, ne constitue, en fait, qu'une nouvelle hypothèse ad hoc sans aucune justification, ni empirique, ni théorique.

Cette hypothèse d'une forme de matière, à pression négative, dans l'univers, se ramène au concept de la constante cosmologique ^, assimilée à l'énergie du vide, dont on sait qu'il découle des prédictions de la théorie quantique des champs, mais qui aboutit à une valeur rédhibitoire, entre 60 et 120 fois supérieure à la valeur déduite des observations cosmologiques.

Le problème de la platitude et de la densité critique

(Chapitre VIII)

Les théories inflationnaires, hautement spéculatives, sont censées répondre au problème de la platitude alors qu'elles sont elles-mêmes sources de graves difficultés. La solution, identique à celle du problème de l'horizon, apportée au problème de la platitude, l'inflation, souffre donc des mêmes difficultés, c'est-à-dire une hypothèse ad hoc, hautement spéculative, avec le concept d'une matière à pression négative sans aucun support observationnel et avec une valeur rédhibitoire, entre 60 et 120 fois supérieure à la valeur déduite des observations cosmologiques.

Le problème de l'univers homogène et isotrope

(Chapitre VIII)

Les théories inflationnaires sont censées répondre au problème de l'univers homogène et isotrope, tout comme aux problèmes de l'horizon et de la platitude, alors qu'elles-mêmes sont sources de graves difficultés. L'inflation souffre donc des mêmes difficultés, c'est-à-dire une hypothèse ad hoc, hautement spéculative, avec le concept d'une matière à pression négative sans aucun support observationnel et avec une valeur <u>rédhibitoire, entre 60 et 120 fois supérieure</u> à la valeur déduite des observations cosmologiques.

Selon James Peebles, un partisan éminent du modèle du Big Bang, comme nous l'avons vu plus haut, un argument majeur qui entraîne le rejet des théories inflationnaires est leur <u>capacité à s'adapter à toutes les conditions initiales possibles</u> (Chapitre VIII : les théories inflationnaires page 83).

Le problème de la singularité et l'origine du Big Bang

(Chapitre VIII)

Selon le modèle du Big Bang, l'univers serait né d'une singularité de l'espace-temps, par « l'explosion primordiale », avec une densité et une température « infinies ». Quelle est la cause de cette explosion ? Aucune réponse à cette question n'est apportée par les lois actuelles de la physique. Ou alors, on fait l'impasse sur cette difficulté en niant «l'explosion primordiale». Sans justification claire et valable. D'où proviennent l'espace, le temps, la matière et l'énergie ? Ils seraient créés <u>ex nihilo</u>. Là encore, il s'agit d'une <u>simple affirmation</u>, sans aucune validation expérimentale ou factuelle.

On n'a jamais observé de création ex nihilo de matière ou d'énergie, que ce soit dans les phénomènes physiques ou biologiques Affirmer que l'espace et le temps naissent avec le Big Bang est une pétition de principe qui supprime arbitrairement et sans aucune preuve, le problème de l'existence du temps avant le Big Bang. Certains soutiennent même, au grand dam de la logique, que le Big Bang s'est produit <u>« Nulle part et partout à la fois »</u>.

.On peut également soutenir, sans plus de validation, qu'à la singularité du Big Bang, la notion d'espace disparaît mais pas celle de temps (c'est le Pré-Big Bang de Gabriele Veneziano). Cette nouvelle hypothèse est, comme à l'accoutumée, non « falsifiable ».

Bien d'autres nombreuses hypothèses ont vu le jour. Tous ces modèles sont extrêmement spéculatifs, sans possibilité de les valider. Cela ne gêne aucunement leurs auteurs, qui revendiquent le <u>droit de spéculer sans tests contraignants</u>.

En résumé, le modèle du Big Bang est un concept strictement anthropique. Il est irrationnel et spéculatif, aux dépens de l'esprit critique. <u>Il transgresse les lois physiques actuelles sans fournir de validation expérimentale ou observationnelle</u>

Les théories inflationnaires

(Chapitre VIII)

Les théories inflationnaires sont un prolongement du modèle du Big Bang mais elles en sont indépendantes.

Le modèle inflationnaire, créé pour résoudre les problèmes du Big Bang (problème de l'horizon, problème de la platitude, problème de l'homogénéité, etc...) n'est, en définitive, qu'une <u>hypothèse ad hoc</u> sans aucune assise expérimentale ou factuelle. Son extrapolation considérable des lois de la physique n'a aucune justification théorique, si ce n'est de répondre arbitrairement aux difficultés du modèle du Big Bang.. Un argument majeur qui entraîne le rejet des théories inflationnaires est leur <u>capacité à s'adapter à toutes les conditions initiales possibles.</u>

C'est le jugement, porté avec sévérité, par un chercheur de grande réputation, James Peebles, partisan du Big Bang et que nous ne pouvons que répéter :

«Les assertions du modèle inflationnaire, pauvrement justifiées, peuvent entraîner un véritable scepticisme aux yeux d'observateurs rigoureux» (James Peebles 2001). « C'est une théorie qui peut être ajustée pour produire les structures que nous voyons à partir de presque toutes les conditions initiales possibles. En ce sens, ce n'est pas vraiment une théorie, mais une histoire « sur mesure » puisqu'elle convient dans tous les cas. <u>Il suffit de changer quelques paramètres</u> ». Ce mécanisme ad hoc ne vaut que <u>par défaut</u>. « De toute façon, nous n'en avons pas de meilleur » (James Peebles - Les Dossiers de la Recherche – N° 35 – Trimestriel Mai 2009 – page 8).

L'accélération de l'expansion - L'énergie noire

(Chapitre VIII)

L'accélération de l'expansion entraîne l'hypothèse de l'existence de l'énergie noire. Différents modèles en proposent une explication : a) la constante cosmologique $\wedge$. Toutefois, les prédictions de la théorie quantique des champs aboutissent à une <u>valeur rédhibitoire</u>, entre <u>60 et 120 fois supérieure</u> à la valeur déduite des observations cosmologiques   b) la quintessence, abandonnée depuis quelques années, en raison de ses nombreux problèmes   c) la relativité générale, avec des « tenseurs scalaires » : aucune observation n'a pu valider ce concept qui demeure une pure hypothèse   d) les axions : ce modèle est abandonné aujourd'hui. Aucun des modèles proposés n'est « falsifiable » ni validé. En désespoir de cause, on n'hésite pas à proposer un <u>« modèle anthropique »</u> !

En résumé, les concepts d'accélération de l'expansion et d'énergie noire entraînent tant de problèmes, sans solutions valides, qu'il semble incongru de les utiliser. La théorie du Big Bang, qui les a introduits dans son modèle de référence, souffre ainsi des mêmes difficultés incontournables de ces concepts.

Seuls les modèles d'univers inhomogène et non-isotrope avec la remise en cause du principe cosmologique échappent à la critique. Ils entraînent le rejet de l'accélération de l'expansion et sa conséquence, l'existence de l'énergie noire.

Prédiction théorique de la constante de Hubble H_0

L'âge de l'univers t_0

(Chapitre VII - Chapitre VIII)

Les estimations de l'âge de l'univers par l'étude de ses constituants (étoiles, amas globulaires, galaxies, noyaux atomiques, etc...). nous fournissent des ordres de grandeur bien trop larges, allant de 11 à 18 milliards d'années.

Les dernières données fournies par WMAP 5 (Table 7 – Cosmological Parameter Summary – 2008) indiquent Ho = 71,9 (+ 2,6 – 2,7) km/s/Mpc et to = 13,69 (+ - 0,13) milliards d'années

Quand nous avons comparé la valeur observationnelle et la valeur théorique de Ho : 69,2 Km/sec/Mpc (71,9 – 2,7) pour la première et 67,71 Km/sec/Mpc pour la seconde, nous avons obtenu un écart de 2,16 %. Cet écart est négligeable si l'on considère la marge d'incertitude des données de WMAP 5 : de 3,2 % (+2,6) à 3,75 % (-2,7). La valeur de la constante Ho, établie théoriquement et proposée par l'auteur est très précise car elle est fondée sur la précision des constantes universelles et quantiques qu'il utilise (c, G, h, e).

En conclusion, le modèle temporaliste récuse l'interprétation de l'origine des décalages spectraux en expansion de l'espace et interprète les redshifts (allongement des longueurs d'onde des photons) en phénomènes physiques dus à l'existence de la constante temporaliste To d'une valeur de 4,5546 10^{17} sec.

Chapitre IX

L'évolution des galaxies - Les grandes structures de l'univers

Le modèle de création et d'évolution des galaxies et des grandes structures dans le modèle du Big Bang pose de très nombreux problèmes : que se passe-t-il avant le temps de Planck (10^{-43} seconde) ? Quel est le processus de création de la matière ? A partir du néant ? Comment ? Quelle est la cause du Big Bang ? Le décalage spectral des galaxies éloignées, mis en évidence par Hubble, sur lequel repose le modèle standard de la cosmologie, implique une singularité avec des paramètres de température, de densité et d'énergie de valeur considérable. Cette singularité ne peut être intégrée à la physique actuelle, les équations tant de la Relativité générale que de la théorie quantique des champs devenant incapables d'être utilisées, en raison de l'apparition de nombreux termes infinis (voir L'origine du Big Bang – Chapitre VIII).

Les fluctuations d'énergie survenues quelques milliers d'années après le Big Bang, dont seraient issues les galaxies, sous l'action de la gravité, sont insuffisantes pour justifier l'évolution des grandes structures. Selon Tegmark (2004), si les anisotropies du fond cosmologique sont tout à fait conformes à petite et moyenne échelle, elles ne le sont pas du tout à grande échelle. La façon dont se développent les structures dépend de l'origine des fluctuations primordiales et de la nature de la matière noire.

L'univers est structuré, selon les auteurs, en mousse, en éponge, feuillets, crêpes ou toile d'araignée tridimensionnelle. En résumé, on peut considérer que les grandes structures de l'univers sont constituées de filaments formés de gaz, de poussières, d'étoiles, de galaxies, d'amas et de superamas de galaxies, de grands murs, de grands vides et de matière noire. Les grands vides, dont on estime la probabilité d'existence à 5×10^{-10}, ainsi que les différentes structures inhomogènes existantes remettent gravement en question le modèle standard de la cosmologie, fondé sur <u>le principe cosmologique, qui attribue à l'univers une structure homogène et isotrope</u>

Synthèse des différentes critiques

La théorie du Big Bang découle, dans tous ses aspects, de l'interprétation spatiale de l'origine des décalages spectraux, c'est-à-dire l'expansion spatiale de l'univers.

En réalité, les décalages spectraux ont une origine du genre <u>temps</u> et non du genre <u>espace</u>.

L'importance de l'interprétation des décalages spectraux est fondamentale car elle constitue les prémisses du modèle standard du Big Bang. S'il apparaît que l'interprétation temporaliste est exacte, toute l'interprétation et tous les concepts de la théorie du Big Bang s'écroulent.

Les décalages spectraux découlent de la nature des photons qui sont affectés, lors de leur déplacement dans l'espace, par l'existence de la « constante temporaliste » To d'une valeur de 4,554610.17 sec.

Tous les concepts et toutes les difficultés du modèle du Big Bang, que nous avons analysés, ont pour origine le paradigme de l'expansion spatiale qui entraîne des hypothèses hautement spéculatives (les théories inflationnaires, les multivers, les singularités, etc...) qui violent les lois de la physique et de la logique (création ex-nihilo de matière-énergie, explosion primordiale à l'origine de l'espace-temps, courbure de l'espace c'est-à-dire du vide - un oxymore-, etc...). Le modèle du Big Bang a eu pour conséquences la multiplication des spéculations des cosmologistes, avec un rejet manifeste des règles rigoureuses habituelles de la science, la « falsifiabilité » de Popper et les « faits observables » d'Einstein.

Le modèle temporaliste s'oppose totalement aux concepts et à la méthodologie de la théorie du Big Bang. Il découle d'une seule hypothèse, l'existence de la « constante temporaliste » To et en tire toutes les conséquences, en respectant strictement les exigences de « falsifiabilité » de Popper et de « faits observables » d'Einstein. Le modèle temporaliste, en raison de son exigence de rigueur, échappe à toutes les difficultés du modèle du Big Bang (comme par exemple, les singularités, la création ex-nihilo de matière-énergie, etc...).

Contrairement aux affirmations des partisans du Big Bang, le fond diffus cosmologique n'est pas une <u>preuve</u> de l'existence du Big Bang. Ce n'est, encore une fois, qu'une <u>interprétation</u> d'un phénomène factuel, en corrélation avec un modèle hypothétique, le modèle du Big Bang.. Le fond diffus cosmologique est interprété comme un rayonnement fossile datant de 380.000 ans après le Big Bang. Cette <u>interprétation</u> apparaît, de nouveau, comme une simple hypothèse et non comme une <u>preuve</u> du modèle du Big Bang.

Les résultats, entre les derniers calculs théoriques de nucléosynthèse et les données de WMAP 5 indiquent que les valeurs déduites du fond diffus cosmologique et les observations astrophysiques sont concordantes pour le deutérium, simplement correctes pour le 4hélium mais <u>discordantes pour le 7lithium</u>. Toutes ces discordances remettent en cause le modèle standard de la nucléosynthèse du Big Bang.

Les décalages spectraux, le fond diffus cosmologique et la nucléosynthèse primordiale, qui constituent, aux yeux des partisans du modèle standard du Big Bang, les « TROIS PILIERS » de la théorie. ressortent très affaiblis de l'analyse critique que nous avons effectuée. Nous avons constaté, en effet, que de simples <u>hypothèses</u> sont interprétées et affirmées comme des <u>preuves</u> (les décalages spectraux, le fond diffus cosmologique) ou que d'autres observations révèlent des discordances graves (nucléosynthèse primordiale). Ces grandes difficultés, occultées par le modèle du Big Bang, ruinent sa crédibilité.

L'hypothèse de la réalité du Big Bang, entraîne un certain nombre d'autres difficultés :

Les problèmes de l'horizon, de la platitude de l'univers (quasiment égale à sa densité critique) et de l'homogénéité et de l'isotropie de l'univers fragilisent le modèle du Big Bang.

Les théories inflationnaires sont censées répondre à ces trois problèmes, alors qu'elles sont elles-mêmes sources de graves difficultés. L'inflation souffre donc de mêmes difficultés, c'est-à-dire une <u>hypothèse</u> hautement spéculative, avec le concept d'une constante cosmologique $^\wedge$ et d'une matière à pression négative sans aucun support observationnel et avec une valeur <u>rédhibitoire</u>, entre <u>60 et 120 fois supérieure</u> à la valeur déduite des observations cosmologiques. C'est apporter à ces difficultés du Big Bang une solution qui n'est qu'<u>une hypothèse ad hoc</u>, c'est-à-dire substituer à des difficultés d'autres difficultés encore plus insurmontables

Pour échapper aux diverses difficultés du Big Bang, les cosmologistes les ont reportées sur un autre concept, l'inflation, encore plus hypothétique et contestable. En réalité, c'est aller de Charybde en Scylla.

« C'est une théorie (l'inflation) qui peut être ajustée …puisqu'elle convient dans tous les cas. <u>Il suffit de changer quelques paramètres</u> » (James Peebles - Dossier trimestriel N° 35- Mai 2009 - La Recherche – page 8).

Le problème de la singularité et l'origine du Big Bang : toutes les solutions proposées aux problèmes de la singularité et de l'origine du Big Bang sont irrationnelles et spéculatives; elles transgressent les lois physiques actuelles, aux dépens de l'esprit critique, sans fournir aucune validation expérimentale ou observationnelle crédible. Ce sont des concepts strictement anthropiques

L'accélération de l'expansion - L'énergie noire : les concepts d'accélération de l'expansion et d'énergie noire entraînent tant de problèmes, sans solutions valides, qu'il semble incongru de les utiliser. La théorie du Big Bang, qui les a introduits dans son modèle de référence, souffre ainsi des difficultés incontournables de ces concepts.

La prédiction théorique de la constante de Hubble Ho - L'âge de l'univers to :
les dernières données fournies par WMAP 5 (Table 7 – Cosmological Parameter Summary – 2008) indiquent Ho = 71,9 (+ 2,6 – 2,7) km/s/Mpc et to = 13,69 (+ - 0,13) milliards d'années

La comparaison entre la valeur observationnelle et la valeur théorique de Ho : 69,2 Km/sec/Mpc (71,9 – 2,7) pour la première et 67,71 Km/sec/Mpc pour la seconde, donne un écart de 2,16 %. Cet écart est négligeable si l'on considère la marge d'incertitude des données de WMAP 5 : de 3,2 % (+2,6) à 3,75 % (-2,7). Ajoutons que la valeur de Ho fournie par WMAP 5 intervient après 80 années de recherches et de rectifications dont 69,2 Km/sec/Mpc est la mouture la plus récente mais sûrement pas la dernière alors que la <u>valeur théorique proposée par l'auteur dès 1962 n'a jamais bougé</u>. Sa précision est fondée sur celle des constantes universelles et quantiques qu'il utilise (c, G, h, e). (Voir Chapitre VII – Chapitre VIII).

L'évolution des galaxies - Les grandes structures de l'univers : les fluctuations d'énergie survenues quelques milliers d'années après le Big Bang, dont seraient issues les galaxies, sous l'action de la gravité, sont insuffisantes pour justifier l'évolution des grandes structures. Selon Tegmark (2004), si les anisotropies du fond cosmologique sont tout à fait conformes à petite et moyenne échelle, elles ne le sont pas du tout à grande échelle. La façon dont se développent les structures dépend de l'origine des fluctuations primordiales et de la nature de la matière noire.

Dans le Chapitre XIV, l'auteur compare les deux modèles opposés, le modèle du Big Bang et le modèle temporaliste, leurs forces et leurs faiblesses. Il appartient au lecteur de se faire une opinion sur <u>le modèle qui lui semble le plus pertinent et le mieux validé, scientifiquement.</u>

L'IMPOSTURE DU BIG BANG

Nous venons de résumer les faiblesses et/ou les contradictions de l'ensemble des concepts du modèle standard du Big Bang., alors que celui-ci est considéré, à l'heure actuelle, quasiment comme un dogme.

Comme nous l'avons indiqué plusieurs fois, historiquement, le modèle du Big Bang est la conséquence de l'interprétation, en 1929, par Edwin Hubble, des décalages spectraux des galaxies lointaines en « récession des galaxies ». Cette interprétation a mené, de façon naturelle, au concept d'expansion de l'espace, ou plutôt de l'espace-temps, c'est-à-dire de l'univers. A partir de ces prémisses, la théorie du Big Bang s'est développée pendant 80 ans, avec la création ou le développement de nombreux concepts censés la valider, à partir d'observations ou d'hypothèses nombreuses : fond diffus cosmologique, nucléosynthèse primordiale, matière noire, énergie noire, etc.... En raison de la __fausseté__ (selon nous) __des prémisses de la théorie__, l'interprétation spatiale des décalages spectraux des galaxies lointaines, il était inévitable que des problèmes se poseraient. En effet, les problèmes n'ont pas manqué de se poser, en raison de discordances ou interrogations dans les observations (les « trois piliers » du Big Bang, les problèmes de l'horizon, de la platitude de l'univers - quasiment égale à sa densité critique - de l'homogénéité et de l'isotropie de l'univers, etc...).

__Les nouvelles hypothèses ad hoc, inflationnaires__, destinées à résoudre les problèmes précédents, ne résolvent ceux-ci qu'au prix de nouvelles hypothèses hautement spéculatives et hypothéquées par des violations, sans justification rigoureuse, des lois physiques actuelles (vitesse exponentielle de l'expansion de l'univers, loin de la vitesse limite c admise par la physique contemporaine, causes et modalités injustifiées de l'inflation, etc...) et dont la crédibilité est largement mise en doute par un cosmologiste éminent, partisan du Big Bang, par défaut, James Peebles (__(Dossier trimestriel N° 35- Mai 2009 - La Recherche – page 8)__.

__Le problème de la singularité et l'origine du Big Bang__ ne sont pas résolus par le modèle standard de la cosmologie. En effet, la relativité générale et la théorie quantique des champs ne permettant pas de remonter au-delà du temps t de Planck (10^{-43} seconde), la solution de ce problème est donc tout simplement __occultée__.

Le concept de l'accélération de l'expansion et de l'énergie noire (qui découle de l'observation des supernovae de type Ia est controversé car il suppose l'existence d'un univers homogène et isotrope lui-même contesté. De nombreux modèles censés justifier ce concept ont été proposés. A ce jour, seul le modèle de la constante cosmologique $\wedge$ est retenu. Malheureusement, les prédictions de la théorie quantique des champs sur la valeur de la constante cosmologique aboutissent à une valeur rédhibitoire, entre 60 et 120 fois supérieure à la valeur déduite des observations cosmologiques. D'autres difficultés ponctuelles affaiblissent le concept de l'accélération de l'expansion et de l'énergie noire (la formation des supernovae Ia n'a rien de standard - supernova SN2006gz - et cela fausserait les mesures des cosmologistes ; selon des observations portant sur des supernovae proches - moins de un milliard d'années-lumière -, l'accélération de l'expansion aurait diminué durant les 2,5 derniers milliards d'années, au point de s'inverser récemment). La théorie du Big Bang, qui a introduit les concepts d'accélération de l'expansion et d'énergie noire dans son modèle de référence en supporte naturellement toutes les difficultés.

La prédiction théorique de la constante de Hubble Ho - L'âge de l'univers To :

Rappelons les dernières données fournies par WMAP 5 (Table 7 – Cosmological Parameter Summary – 2008) qui indiquent Ho = 71,9 (+ 2,6 – 2,7) km/s/Mpc et to = 13,69 (+- 0,13) milliards d'années.

En comparant les valeurs observationnelle et théorique de Ho : 69,2 Km/sec/Mpc (71,9 – 2,7) pour la première et 67,71 Km/sec/Mpc pour la seconde, nous obtenons un écart de 2,16 %. Cet écart est négligeable si l'on considère la marge d'incertitude des données de WMAP 5 : de 3,2 % (+2,6) à 3,75 % (-2,7). Ajoutons que la valeur de Ho fournie par WMAP 5 intervient après 80 années de recherches et de rectifications dont 69,2 Km/sec/Mpc est la mouture la plus récente mais sûrement pas la dernière alors que la valeur théorique proposée par l'auteur dès 1962 n'a jamais bougé. Sa précision est fondée sur celle des constantes universelles et quantiques qu'il utilise (c, G, h, e). (Voir Chapitre VII – Chapitre VIII).

En conclusion, le modèle temporaliste récuse l'interprétation de l'origine des décalages spectraux en expansion de l'espace et interprète les redshifts en phénomènes physiques dus à l'existence de la constante temporaliste To, d'une valeur de 4,5546 10^{17} sec. Le modèle temporaliste a établi, de façon théorique, en 1962, la valeur de la constante temporaliste To à 4,554610.17 sec. Les observations cosmologiques fournies par WMAP 5, après 80 années de recherches de très nombreux chercheurs, rejoignent donc cette valeur, dans la <u>fourchette des incertitudes.</u>

<u>L'évolution des galaxies - Les grandes structures de l'univers :</u>

Le modèle hiérarchique de création et d'évolution des galaxies et des grandes structures, dans le modèle standard du Big Bang, pose de très nombreux problèmes : que se passe-t-il avant le temps t de Planck (10^{-43} seconde) ? Quel est le processus de création de la matière ? A partir du néant ? Comment ? Quelle est la cause du Big Bang ? Les réponses à ces problèmes sont toujours, soit occultées, soit de nouvelles hypothèses.

Les fluctuations d'énergie survenues quelques milliers d'années après le Big Bang, dont seraient issues les galaxies, sous l'action de la gravité, sont insuffisantes pour justifier l'évolution des grandes structures (Tegmark (2004),

En 2004, Brigitte Rocca a mis en évidence l'existence de galaxies massives très jeunes (distances > 12 M.A.L.), en contradiction avec le modèle de croissance hiérarchique (Dossier La Recherche 393 – Janvier 2006)

Le modèle du Big Bang, avec l'expansion de l'univers, constate la structure répétitive et irrégulière des grandes masses de l'univers et surtout des vides énormes allant d'environ 1.10^{26} cm à 1.10^{27} cm. Le modèle standard est incapable d'expliquer les causes de l'existence de ces vastes vides dont la probabilité est infime (5×10^{-10}).

On peut ainsi considérer que les grandes structures de l'univers sont constituées de filaments formés de gaz, de poussières, d'étoiles, de galaxies, d'amas et de superamas de galaxies et de grands murs, de grands vides et de matière noire.

L'importance des problèmes et des contradictions des modèles de croissance des galaxies et des grandes structures est telle qu'on peut considérer, qu'à l'heure actuelle, ils ne sont pas résolus par le modèle standard du Big Bang.

L'examen minutieux d'une douzaine des concepts les plus importants du modèle standard du Big Bang nous amène à une conclusion incontournable : les prétendues preuves ou interprétations de ces 12 concepts que nous avons analysés, du modèle standard du Big Bang, présentent toutes, soit des difficultés ou des contradictions, soit de simples affirmations non validées, soit des spéculations invérifiables. Il est donc largement justifié, dans ces conditions, de rejeter le modèle standard de la cosmologie, le modèle du Big Bang, ce qui JUSTIFIE amplement le titre de notre mémoire :

L'imposture du Big Bang

Le modèle standard du Big Bang a souvent été accepté, par des chercheurs, par défaut, aucun modèle alternatif n'ayant été retenu. Cette option, qui valide le modèle standard du Big Bang, n'est pas adéquate. Elle est contre-productive car elle valide une théorie fausse pour la simple raison qu'il n'existe, à l'heure actuelle, aucune alternative. On ne peut pas, pour autant, accepter un dogme manifestement faux. L'acceptation d'un modèle faux obère toute proposition d'un nouveau modèle car, comme il est de notoriété publique, les chercheurs qui contestent le modèle du Big Bang ne peuvent, actuellement, absolument pas faire entendre leurs voix dans les institutions scientifiques où les sciences de l'univers sont étudiées. Un modèle alternatif valable sera proposé, un jour ou l'autre. C'est notre conviction profonde, eu égard à un modèle qui fourvoie un nombre considérable de chercheurs dans une direction qui est, à la fois, une impasse et un gâchis. Le concept faux de l'éther n'a-t-il pas disparu après des décennies d'existence incontestée ?

L'auteur de ce mémoire a recherché un modèle alternatif à une théorie, le modèle du Big Bang, qui lui apparaissait comme une imposture. C'est le modèle temporaliste qu'il propose. L'avenir permettra de juger si ce modèle est pertinent. En tout état de cause, s'il ne l'était pas, le dogme du Big Bang, eu égard à toutes les faiblesses et toutes les contradictions que nous avons pu relever ne saurait, en aucun cas, prétendre proposer un modèle crédible de l'univers, que ce soit de son passé ou de son présent.

Dans le chapitre XI, nous avons indiqué comment une réflexion sur la nature du concept de temps et de son asymétrie fondamentale nous a amené au concept de la constante temporaliste To d'une valeur de $4,55465 \cdot 10^{17}$ secondes (environ 14,43 milliards d'années) et au modèle temporaliste que nous avons développé, de façon ananthropique, c'est-à-dire en le validant par des observations ou des preuves, conformément aux critères que nous considérons comme fondamentaux, la « falsifiabilité » de Popper et les « faits observables » d'Einstein. Notre recherche nous a conduits, naturellement, à l'analyse critique du modèle standard de la cosmologie, le modèle du Big Bang. et à la conclusion incontournable de son imposture.

Imposture du Big Bang : Les hypothèses inflationnaires ad hoc et « sur mesure » où « il suffit de changer quelques paramètres ».

Imposture du Big Bang : La singularité du Big Bang. Les singularités, en relativité générale, marquent la limite de validité de cette théorie et les multiples théories d'unification (supercordes, gravité quantique, géométrie non-commutative, etc...) prétendant éliminer ces singularités n'ont pas abouti (L'invention du Big Bang - Jean-Pierre Luminet).

Imposture du Big Bang : On ne peut pas remonter au-delà du temps t de Planck (10^{-43} seconde) après le Big Bang, les équations tant de la Relativité générale que de la théorie quantique des champs devenant incapables d'être utilisées, en raison de l'apparition de nombreux termes infinis.

Imposture du Big Bang : Le fond diffus cosmologique interprété comme un rayonnement fossile - Sa prédiction avait été faite, sans utilisation du modèle du Big Bang, et souvent, bien avant Gamow, par : Guillaume (1896), Eddington (1926), Regener (1933), Nernst (1933), McKellar et Herzberg (1941), Finlay-Freundlich (1953) et Max Born (1953). Ces auteurs avaient prédit des températures allant de 1,9 à 6 K (André Koch Torre Assis et Marcos Cesar Danhoni Neves - 1995). La prévision, en 1953, par Gamow, d'un fond de rayonnement cosmologique à une température de 7 degrés Kelvin, était fondée sur un argument mathématique fallacieux (Weinberg 1980).

Imposture du Big Bang : Les décalages spectraux des galaxies lointaines ne sont pas une preuve de la théorie du Big Bang. Il ne s'agit que d'une interprétation d'observations cosmologiques. Ces observations, loin d'être des preuves, ne sont donc que de simples hypothèses, interprétées de façon à favoriser une autre hypothèse, le modèle standard du Big Bang.

Imposture du Big Bang : L'hypothèse d'une forme de matière à pression négative dans l'univers se ramène au concept de la constante cosmologique Λ, assimilée à l'énergie du vide, dont on sait qu'il est issu des prédictions de la théorie quantique des champs mais qui aboutit à une valeur rédhibitoire, entre 60 et 120 fois supérieure à la valeur déduite des observations cosmologiques.

Imposture du Big Bang : L'analyse critique des nombreux problèmes engendrés par le modèle standard du Big Bang (les problèmes de l'horizon, de la platitude et de la densité critique, de l'univers homogène et isotrope, etc...) implique que la seule solution possible à ces problèmes, est l'hypothèse largement controversée, du concept d'inflation, comme nous l'avons vu plus haut. Loin d'être un soutien pour ces problèmes, l'utilisation du concept de l'inflation, pour les résoudre, ne fait qu'ajouter des incertitudes à d'autres incertitudes (de nouveaux épicycles à d'autres épicycles !).

Imposture du Big Bang : « L'explosion primordiale » de l'univers, selon le modèle du Big Bang, à partir d'une densité et une température « infinies », déroge à toutes les lois actuelles de la physique. On n'a jamais observé de création ex-nihilo d'espace, de temps, de matière ou d'énergie, que ce soit dans les phénomènes physiques ou biologiques. Aucune validation expérimentale ou factuelle n'a jamais été apportée. La seule « preuve » consiste en simples affirmations et/ou hypothèses.

L'énumération de ces impostures du Big Bang n'est pas exhaustive, ce qui nous amène à estimer qu'il serait peut-être plus adéquat de parler des Impostures du Big Bang que de l'Imposture du Big Bang.

Ce qui est extrêmement grave, c'est que, selon nous, la cosmologie actuelle s'est fourvoyé dans une impasse qui ne mène à rien, sinon à de nouvelles spéculations, faussement validées par de nouvelles hypothèses, toujours plus hasardeuses. Et à un gâchis financier et surtout humain, alors que des milliers de chercheurs sont dirigés, depuis de longues années, vers des recherches vaines dans des voies sans issue.

Dans le dernier chapitre de notre travail, nous avons comparé les réponses apportées aux problèmes cosmologiques par le modèle du Big Bang et par le modèle temporaliste. Le lecteur pourra apprécier la pertinence de chacun des deux modèles en compétition.

SEPTIEME PARTIE

Comparaison entre le modèle du Big Bang et le modèle temporaliste.

CHAPITRE XIV

Comparaison - Conclusion – Tests

COMPARAISON

Nous allons comparer les arguments du modèle du Big Bang et les contre-arguments du modèle temporaliste concernant les concepts les plus importants que nous avons étudiés.

1) Les décalages spectraux

Le modèle du Big Bang

Les décalages spectraux sont dus à l'expansion de l'espace. Le modèle standard du Big Bang, depuis les premières estimations de la constante de Hubble en 1929 (Ho = 500 km/sec/Mpc et to = 2 Milliards d'années) est parvenu, au fil des décennies, après de multiples rectifications et de très nombreuses observations de décalages spectraux, approximativement, aux valeurs établies par le modèle temporaliste c'est-à-dire Ho = 67,71 km/sec/Mpc et To = 14,43 milliards d'années (4,5546 10^{17} sec).

Le modèle du Big Bang est une interprétation (hypothèse) des décalages spectraux à partir d'observations cosmologiques. Les décalages spectraux sont du genre espace. Ils constituent la preuve et les prémisses du modèle du Big Bang, dont toute la théorie découle.

Le modèle temporaliste

Le concept d'expansion de l'espace physique revient à attribuer au vide des propriétés que, par définition, il ne peut posséder, comme la courbure ou la vitesse. C'est un concept contradictoire donc anthropique. Si cette interprétation est fausse, toute la théorie du Big Bang s'écroule Les décalages spectraux sont dus à l'existence de la constante temporaliste To.

Le concept de constante temporaliste To a été élaboré théoriquement. C'est une interprétation (hypothèse) d'observations cosmologiques. Sa valeur a été établie par l'auteur, en 1962, à 4,5546 10^{17} secondes (environ 14,43 milliards d'années) et la valeur de « l'effet de fuite » des galaxies Ho à 67,71 km/sec/Mpc. Cets valeurs, établies de façon strictement théorique, ont été validées, après 80 années d'observations cosmologiques, par la NASA (WMAP5), en 2008, dans la fourchette des incertitudes. Les décalages spectraux sont du genre temps.

2) Le fond diffus cosmologique

Le modèle du Big Bang

L'existence du rayonnement cosmologique a été prédite, en 1940, par Ralph Alpher, Robert Herman et Gamow, comme une conséquence du modèle du Big Bang. Ils l'ont prévue à nouveau en 1949. Le fond diffus cosmologique prédit par Gamow et découvert par Arno Penzias et Robert Wilson en 1965 est un rayonnement fossile, datant de 380.000 années après l'explosion primordiale du Big Bang.. On observe des fluctuations minimes du rayonnement avec des températures d'environ 2,725 K et des fluctuations de l'ordre de 10^{-5}. C'est une preuve du modèle du Big Bang. Les anisotropies du. fond diffus cosmologique sont à l'origine des formations des premières structures des galaxies.

Le modèle temporaliste

Contrairement aux informations historiques diffusées par les partisans du Big Bang, le fond diffus cosmologique n'est pas une conséquence du seul modèle du Big Bang. Sa prédiction avait été faite, sans utilisation du modèle du Big Bang, et souvent, bien avant Gamow par : Guillaume (1896), Eddington (1926), Regener (1933), Nernst (1933), McKellar et Herzberg (1941), Finlay-Freundlich (1953) et Max Born (1953). Ces auteurs avaient prédit des températures allant de 1,9 à 6 K (André Koch Torre Assis et Marcos Cesar Danhoni Neves - 1995). De plus, la prévision, en 1953, par Gamow, d'un fond de rayonnement cosmologique à une température de 7 degrés Kelvin, était fondée sur un argument mathématique fallacieux (Weinberg 1980).

Le fond diffus cosmologique n'est pas une preuve de l'existence du Big Bang. Ce n'est, encore une fois, qu'une interprétation (c'est-à-dire une hypothèse) d'un phénomène factuel, en corrélation avec une autre hypothèse, le modèle du Big Bang.. Le fond diffus cosmologique est interprété comme un rayonnement fossile datant de 13,7 milliards d'années. La petitesse des fluctuations du fond diffus cosmologique est insuffisante à justifier quantitativement l'origine et la formation des galaxies et des grandes structures de l'univers (Tegmark). Le fond diffus cosmologique que nous observons est situé à l'horizon temporaliste, constitué par le butoir du temps To, de valeur finie, $4,5546 \cdot 10^{17}$ sec soit environ 14,43 M.A. Il s'agit d'une observation, non d'une interprétation, comme l'hypothèse du « rayonnement fossile » du modèle du Big Bang.

L'hypothèse du fond diffus cosmologique, utilisée comme validation de l'hypothèse de l'origine du Big Bang, entraîne nombre de difficultés dont le problème de l'horizon, la platitude de l'univers quasiment égale à sa densité critique et l'existence d'un univers homogène et isotrope.

Le modèle standard du Big Bang ne peut répondre à ces diverses difficultés. Il est contraint de faire appel à de nouvelles hypothèses extérieures, ad hoc, les modèles inflationnaires, sans aucune assise expérimentale ou factuelle et qui apportent des réponses, hautement et strictement spéculatives.

L'opinion d'un cosmologiste théoricien de grande réputation, partisan du Big Bang, « par défaut », James Peebles, sur la théorie inflationnaire est édifiante : « C'est une théorie qui peut être ajustée pour produire les structures que nous voyons à partir de presque toutes les conditions initiales possibles. En ce sens, ce n'est pas vraiment une théorie, mais une histoire « sur mesure » puisqu'elle convient dans tous les cas. Il suffit de changer quelques paramètres » (Les Dossiers de la Recherche – N° 35 – Trimestriel Mai 2009 – page 8).

En résumé, l'explication du fond diffus cosmologique et des théories hypothétiques inflationnaires qui s'y rattachent, s'apparente plus à un raisonnement ptoléméen à épicycles qu'à un modèle scientifique rigoureux respectant les principes et les lois physiques actuels (principe de conservation de la matière-énergie, hypothèses validées ou « falsifiables », etc....) c'est-à-dire des concepts ou des propositions ananthropiques. Loin de soutenir le modèle standard de la cosmologie, les modèles inflationnaires aggravent son caractère spéculatif.

3) La nucléosynthèse primordiale

Le modèle du Big Bang

La concordance des prévisions des abondances des noyaux légers à partir des hypothèses de base du Big Bang et des abondances actuelles de ces noyaux constitue un point fort du modèle de la nucléosynthèse primordiale. On doit indiquer qu'il existe de nombreuses versions de scénarios non-standard du Big Bang. Des milliers d'articles y ont été consacrés. Ils se basent sur des conditions initiales du Big Bang différentes du modèle standard (essentiellement le ratio baryon/photon mais également avec d'autres hypothèses comme des inhomogénéités, des propriétés non-standard des neutrinos, etc...). Néanmoins, tous ces modèles se fondent sur le modèle du Big Bang, mais avec des conditions initiales différentes.

Tout l'hydrogène et une partie de l'hélium et du lithium contenus dans l'univers se sont formés dans les cent secondes qui ont suivi le Big Bang. Les astrophysiciens prêtent une grande attention à la nucléosynthèse primordiale. C'est que le moindre résultat qui vient démentir les prédictions met en péril les modèles du Big .Bang.

Le modèle temporaliste

Il n' y a pas de problème de nucléosynthèse primordiale pour le modèle temporaliste puisque, selon ce modèle, celle-ci n'existe pas. Il n'y a pas eu d' « explosion primordiale ». L'univers existe. Nous n'avons aucune preuve de sa création ni de celle du temps, ni de l'espace ni de la matière-énergie. Il n'existe aucune preuve de sa possible disparition. L'univers temporaliste est un univers stationnaire mais qui évolue dynamiquement en permanence, aussi bien le photon que les baryons ou les étoiles, les galaxies et les grandes structures de l'univers.

Selon le modèle cosmologique standard, la densité baryonique, quelques secondes après le Big Bang, avait une valeur comprise entre 3 et 5 %. Selon la cartographie des fluctuations observées par la collaboration Boomerang (2000), dans le bruit de fond cosmologique datant de 380.000 ans après le Big Bang, la densité baryonique serait de 7,4 % (± 1 %). Cette discordance remet en cause le modèle standard de la nucléosynthèse du Big Bang (Big Bang Nucleosynthesis).

L'origine de la création du lithium, quelques minutes après le Big Bang, est controversée. Une origine inattendue du lithium a été découverte dans les géantes rouges d'une douzaine d'amas globulaires d'étoiles. Il proviendrait de la désintégration de l'isotope radioactif instable du 7béryllium. On trouve également du lithium dans d'autres étoiles géantes rouges de grande masse, à un stade tardif de leur évolution (Catherine Pilachowski 2001). On ignore d'ailleurs combien de lithium a été produit avant la formation des étoiles et combien a été détruit dans les étoiles.

Les résultats entre les derniers calculs théoriques de nucléosynthèse et les données de WMAP 5 indiquent que les valeurs déduites du fond diffus cosmologique et les observations astrophysiques sont concordantes pour le deutérium, à peu près correctes pour le 4hélium mais discordantes pour le 7lithium.

Toutes ces discordances remettent en cause le modèle standard de la nucléosynthèse du Big Bang.

<u>Les trois piliers du modèle du Big Bang</u>

Les trois séries de phénomènes suivants : 1) les décalages spectraux, 2) le fond diffus cosmologique 3) la nucléosynthèse primordiale, sont considérés généralement comme les « trois piliers » essentiels qui soutiennent le modèle standard de la cosmologie. Loin d'être des preuves, elles ne sont que des hypothèses ou des interprétations. Nous constatons que, selon notre analyse, ces trois piliers, loin d'être enracinés dans le roc, reposent sur du sable :

Les décalages spectraux des galaxies lointaines sont interprétés comme dus à l'expansion de l'univers et la récession des galaxies. Ces concepts ne sont pas des données observationnelles. Ils découlent d'une interprétation, c'est-à-dire, d'une hypothèse fondée sur des amalgames et des confusions entre des concepts géométriques et physiques de l'espace-temps. Le modèle temporaliste propose une alternative, validée, à l'interprétation des décalages spectraux.

L'interprétation du fond diffus cosmologique en « rayonnement fossile » est une hypothèse ou une interprétation et non une preuve du modèle du Big Bang et loin d'être un soutien pour la théorie, elle accumule les problèmes pour le concept du Big Bang, comme nous l'avons vu plus haut : les problèmes de l'horizon, de la platitude de l'univers, de la densité critique, de l'homogénéité et de l'isotropie de l'univers, etc....

Une observation récente est en grave contradiction avec la nucléosynthèse primordiale (le quasar APM 08279+5255 âgé de 13,5 milliards d'années contient 3 fois plus de fer que le système solaire âgé d'environ 5 milliards d'années - XMM-Newton - G. Hasinger et S. Komossa - Juillet 2002)

Les nombreuses difficultés de la nucléosynthèse primordiale que nous avons citées plus haut, avec la discordance majeure de l'abondance du 7lithium sont rédhibitoires pour la validité du concept de nucléosynthèse primordiale, hypothèse qui découle directement du paradigme du Big Bang.

Les «TROIS PILIERS» de la théorie, les décalages spectraux, le fond diffus cosmologique et la nucléosynthèse primordiale qui constituent, aux yeux des partisans du modèle standard du Big Bang, une preuve incontournable, ressortent très affaiblis de l'analyse critique que nous avons effectuée. Nous avons constaté, en effet, que les trois séries de phénomènes précédents sont de simples hypothèses ou interprétations qui sont affirmées comme des preuves alors qu'elles ne sont, en réalité que de simples hypothèses ou des interprétations de faits existants.

4) Le problème de l'horizon

Le modèle du Big Bang

Les observations du fond diffus cosmologique indiquent qu'à grande échelle, l'univers est homogène et isotrope (avec une précision de l'ordre de 10^{-5}). Avant l'inflation, les régions de l'univers qui étaient encore toutes proches ont eu « tout leur temps » pour s'échanger leurs propriétés (comme la température par exemple). Avec l'inflation, les régions proches se sont écartées. L'expansion est un phénomène local qui a lieu de façon homogène, en tout point de l'univers primordial. Ce schéma est une représentation dans le temps et non dans l'espace. Il est raisonnable de considérer que, peu après le Big Bang, toute la matière observée était située dans une petite région de sorte qu'on peut supposer que celle-ci ait été homogène et isotrope puis que l'univers a subi une période d'expansion exponentielle (l'inflation) qui a éloigné très rapidement les différentes régions de cette zone. Toutefois, il est très difficile de justifier qu'à l'origine, la nature ait abouti à un univers homogène et isotrope.

La solution est une inflation qui permet, lorsqu'elle prend la place de l'expansion habituelle, une expansion exponentielle de l'univers, sans violer la limitation de vitesse de la relativité restreinte. Cette solution est possible, selon les équations de Friedmann, en supposant qu'une forme de matière à pression négative existe dans l'univers.

Le modèle temporaliste

Le problème de l'horizon ne se pose pas dans le modèle temporaliste. Il n'y a ni expansion ni inflation. L'horizon temporaliste est constitué par le butoir du temps To, de valeur finie, 4,5546 10^{17}sec.

Le problème de l'horizon, dans le modèle du Big Bang, n'est résolu que par une nouvelle hypothèse, celle de l'inflation. Celle-ci, qui ne repose sur aucun fait expérimental, avec une extrapolation exponentielle des lois de la physique, n'a de justification théorique que celle de répondre, par une hypothèse ad hoc, hautement spéculative, aux difficultés du Big Bang. Cette hypothèse « non falsifiable », dont nous avons analysé plus haut les nombreuses difficultés, loin de résoudre le problème de l'horizon, ne fait qu'y ajouter une nouvelle hypothèse (Voir le jugement sévère de James Peebles, partisan, par défaut, du modèle du Big Bang, sur ces modèles inflationnaires – Paragraphe 2).

L'hypothèse d'une forme de matière à pression négative dans l'univers se ramène au concept de la constante cosmologique Λ, assimilée à l'énergie du vide, dont on sait qu'il est issu des prédictions de la théorie quantique des champs aboutissant à une valeur rédhibitoire, entre 60 et 120 fois supérieure à la valeur déduite des observations cosmologiques.

5) Le problème de la platitude et de la densité critique

Le modèle du Big Bang

Les observations indiquent que l'univers est presque entièrement plat, avec une densité d'énergie du même ordre de grandeur que la densité critique correspondant à un univers de courbure spatiale nulle. Pourquoi ? La solution est le même paradigme qui apporte la solution au problème de l'horizon : l'inflation. Si l'inflation augmente la taille de l'univers d'un facteur 10^{50}, sa courbure est diminuée d'un facteur identique. Sa valeur actuelle est donc très proche de zéro et sa densité d'énergie, très proche de la densité critique.

Le modèle temporaliste

Le problème de la platitude et de la densité critique ne se pose pas dans le modèle temporaliste. L'espace, dans le modèle temporaliste est le vide. Par définition, il ne peut être courbe. Seul son contenant, l'espace matériel peut être courbé. Le concept de densité critique n'a pas de réalité dans le modèle temporaliste. La densité d'énergie de l'univers, avant et donc après l'inflation, pourrait être quelconque. Le modèle du Big Bang ne fournit aucune justification de la platitude de l'univers.

Les théories inflationnaires, hautement spéculatives, sont censées répondre au problème de la platitude alors qu'elles sont elles-mêmes sources de graves difficultés. La solution, identique à celle du problème de l'horizon, apportée au problème de la platitude, l'inflation, souffre donc des mêmes difficultés, c'est-à-dire une hypothèse ad hoc, hautement spéculative, avec le concept d'une matière à pression négative sans aucun support observationnel.et avec une valeur rédhibitoire, entre 60 et 120 fois supérieure à la valeur déduite des observations cosmologiques.

(Voir le jugement sévère de James Peebles, partisan, par défaut, du modèle du Big Bang, sur ces modèles inflationnaires). Selon James Peebles, un partisan éminent du modèle du Big Bang, comme nous l'avons vu plus haut, un argument majeur qui entraîne le rejet des théories inflationnaires est leur capacité à s'adapter à toutes les conditions initiales possibles (Chapitre VIII : les théories inflationnaires page 83).

6) Le problème de l'univers homogène et isotrope

Le modèle du Big Bang

Les observations indiquent que l'univers est homogène et isotrope. Le satellite Cobe, lancé en 1989, confirma que la température du fond diffus cosmologique (environ 2,73 degrés kelvin) était isotrope, c'est-à-dire identique dans toutes les directions, avec une variation inférieure au cent millième.

On peut montrer, avec les équations de Friedmann, qu'un univers homogène et isotrope persistera dans cet état. Il est, toutefois, difficile de justifier le fait que cet état d'univers homogène et isotrope l'ait été à l'origine. La solution est le même paradigme qui apporte la solution au problème de l'horizon : l'inflation. Les parties de l'univers observable aujourd'hui étaient causalement liées avant l'inflation. Après l'inflation, la taille de l'univers fut multipliée par 10^{50} et le résultat est un rayonnement homogène et isotrope dans toutes les régions de l'univers.

Le modèle temporaliste

Un « univers homogène et isotrope », affirmé par le modèle du Big Bang, n'est qu'une simple hypothèse, sans aucune validation, pour le modèle temporaliste qui constate que les observations cosmologiques sont contradictoires.

Théoriquement, il n'y a aucne preuve, ni raison valable, de supposer l'existence, à l'origine, d'un univers homogène et isotrope. Il n'y a, également, aucune explication valable des anisotropies du fond diffus cosmologique.de l'ordre du cent-millième. La solution proposée est toujours le même paradigme: l'inflation.

Les théories inflationnaires sont censées répondre au problème de l'univers homogène et isotrope, comme aux problèmes de l'horizon et de la platitude, alors qu'elles sont elles-mêmes sources de graves difficultés.

On ne peut que reprendre ici les arguments des deux derniers paragraphes du chapitre précédent qui invalident totalement les théories inflationnaires.

Selon le principe cosmologique, l'univers est homogène et isotrope. Simple hypothèse sans validation. Alors que les différentes structures inhomogènes existantes remettent gravement en question le modèle standard de la cosmologie, fondé sur le principe cosmologique, qui attribue à l'univers une structure homogène et isotrope. Or, l'univers ne semble nullement uniforme tant aux petites qu'aux grandes échelles. L'univers apparaît constitué de filaments où se rassemblent les amas, superamas et hyperamas de galaxies, de grandes structures comme les murs et de grands vides (Rudnick). Le. modèle du Big Bang, avec l'expansion de l'univers, constate cette structure répétitive et irrégulière des grandes masses de l'univers et surtout de ces vides énormes allant d'environ 1.10^{26} cm à 1.10^{27} cm. Le modèle standard est incapable d'expliquer les causes de l'existence de ces vastes vides dont la probabilité est infime (5×10^{-10}).

Le modèle temporaliste, a contrario, propose une explication simple de la structure de l'univers et de la raison de l'existence des filaments et des grands vides. Dans le modèle temporaliste, la gravitation a une portée finie, concrétisée par le concept de rayon de gravitation r = m½ (r = rayon, m = masse). Dans les filaments et à leurs intersections, l'influence gravitationnelle des galaxies et des amas de galaxies s'exerce longitudinalement car les masses sont relativement proches et donc au-dessous du seuil des rayons de gravitation. Si nous prenons l'exemple d'un amas de galaxies riche (3.000 galaxies) dont la masse moyenne est d'environ 1.10.49 g, son rayon de gravitation étant de 1.10^49 ½ = 3.10^24 cm, il peut donc exercer une influence gravitationnelle sur les galaxies et amas de galaxies dont la distance moyenne est de 1 Mpc (3.10^24 cm) – (Voir Chapitre XII – La gravitation temporaliste - Masses et rayon de gravitation, paragraphe 10).

7) L'origine du Big Bang

Le modèle du Big Bang

L'univers en expansion du Big Bang étant, à l'origine, une singularité spatio-temporelle devait être infiniment dense. Selon la théorie de l'inflation, l'univers visible est issu d'une région très petite et très chaude (10^32 degrés Kelvin) de l'univers homogène qui s'est enflée 10^-35 seconde après le Big Bang. Cette phase inflationnaire a duré 10^-32 seconde pendant laquelle l'expansion de l'univers a été d'un facteur de l'ordre de 10^50 puis le Big Bang a poursuivi son évolution.

Les observations de l'univers accessibles aux télescopes se situent à 380.000 années après le Big Bang, c'est-à-dire lorsque le rayonnement du fond diffus cosmologique a été émis.On ne peut d'ailleurs pas remonter au-delà du temps de Planck (10^-43 seconde après le Big Bang), les équations tant de la Relativité générale que de la théorie quantique des champs devenant incapables d'être utilisées, en raison de l'apparition de nombreux termes infinis. Les dernières données fournies par WMAP 5 (Table 7 – Cosmological Parameter Summary – 2008) indiquent Ho = 71,9 (+ 2,6 – 2,7) km/s/Mpc et to = 13,69 (+- 0,13) milliards d'années

Le Big Bang entraîne l'apparition de l'espace et du temps, ou de l'espace-temps. De même que de la matière et de l'énergie. Le temps étant créé en même temps que le Big Bang, on ne peut remonter au-delà c'est-à-dire au-delà de 13,7 milliards d'années.

Le modèle temporaliste

Selon le modèle du Big Bang, l'univers naît d'une singularité de l'espace-temps, par « l'explosion primordiale », avec une densité et une température « infinies ». Quelle est la cause de cette explosion ? Aucune réponse à cette question n'est apportée par les lois actuelles de la physique. Ou alors, on fait l'impasse sur cette difficulté en niant «l'explosion primordiale». Sans justification claire et valable. D'où proviennent l'espace, le temps, la matière et l'énergie ? Ils sont créés ex-nihilo, également sans aucune validation expérimentale ou factuelle. On n'a jamais observé de création ex-nihilo de matière ou d'énergie, que ce soit dans les phénomènes physiques ou biologiques.

Affirmer que l'espace et le temps apparaissent avec le Big Bang est une pétition de principe qui supprime évidemment, arbitrairement et sans validation, le problème de l'existence du temps avant le Big Bang.

On peut également soutenir, sans plus de justification, qu'à la singularité du Big Bang, la notion d'espace disparaît mais pas celle de temps (c'est le Pré-Big Bang de Gabriele Veneziano). Cette nouvelle hypothèse n'est, comme à l'accoutumée, toujours pas « falsifiable ».

D'autres nombreuses hypothèses ont vu le jour : le modèle ekpyrotique propose un univers branaire et multidimensionnel où l'inflation est remplacée par la collision, cyclique, de deux univers, le modèle, strictement spéculatif, sans aucune contrainte factuelle ou expérimentale, d'inflation éternelle de l'Univers-bulles, etc, etc....

Tous ces modèles sont strictement spéculatifs, sans possibilité de les valider, mais cela ne gêne aucunement leurs auteurs qui revendiquent le droit de spéculer sans tests contraignants.

En définitive, le modèle du Big Bang est un concept strictement anthropique. Il viole plusieurs critères ananthropiques que nous avons indiqués au Chapitre III : il est irrationnel et spéculatif aux dépens de l'esprit critique ; il transgresse les lois physiques actuelles sans fournir de validation expérimentale ou observationnelle ; il utilise des concepts contradictoires « vide quantique rempli de fluctuations quantiques », etc.

Niant le Big Bang et son origine hautement spéculative, l'univers temporaliste ignore tous les problèmes que nous venons d'évoquer. L'univers temporaliste est un univers stationnaire mais évolutif. Il n'a pas connu d'explosion primordiale, ni « d'expansion de l'espace », ni de singularité avec des valeurs physiques infinies, ni d'inflation. Le modèle temporaliste ne suppose rien. Il <u>constate simplement</u> l'existence, dans l'univers, de l'espace, c'est-à-dire du vide, du temps, c'est-à-dire, des <u>durées</u> diverses des phénomènes, de la matière et de l'énergie.

1) Les théories inflationnaires

Le modèle du Big Bang

Les difficultés rencontrées par le modèle du Big Bang : le problème de l'horizon, la platitude de l'univers quasiment égale à sa densité critique, l'univers homogène et isotrope, ont conduit les théoriciens à rechercher de nouvelles pistes susceptibles d'y pallier.

D'où la création d'hypothèses ad hoc, spéculatives, les théories inflationnaires qui ont connu diverses versions ; la théorie de l'inflation élaborée par Alexeï Starobinsky fut développée par Allan H. Guth et Paul Steinhardt (1984 - 1998), Andy Albrecht, Andreï Linde (1994 - 2001).

La théorie de l'inflation a le mérite de résoudre un certain nombre de problèmes posés par le modèle du Big Bang :

1) L'inflation extraordinaire de l'univers, à des vitesses bien supérieures à la vitesse de la lumière, à partir d'une région infime et homogène de l'univers résout le problème de l'horizon.

2) La platitude de l'univers avec une densité proche de la densité critique est une conséquence du modèle inflationnaire.

3) Le problème des monopôles magnétiques : le modèle du Big Bang implique, pour la création des noyaux dans l'univers primordial, l'utilisation du modèle de la Théorie de Grande Unification (GUT) et la production de particules massives, les monopôles magnétiques. Il devrait en rester de nombreux aujourd'hui. L'absence actuelle de ces monopôles magnétiques s'explique par la dispersion rapide de ceux-ci pendant la phase inflationnaire.

Le modèle inflationnaire prévoit de faibles fluctuations du fond diffus cosmologique à l'origine de la formation des galaxies.

Le modèle temporaliste

La théorie inflationnaire est un prolongement du modèle du Big Bang mais elle en est indépendante.

Le modèle inflationnaire, créé pour résoudre les problèmes du Big Bang, ne repose sur aucun fait expérimental ou factuel. Son extrapolation considérable des lois de la physique n'a aucune justification théorique, si ce n'est de répondre arbitrairement aux difficultés du modèle du Big Bang. Ce n'est, en définitive, qu'une hypothèse ad hoc. « Les assertions du modèle inflationnaire, pauvrement justifiées, peuvent entraîner un véritable scepticisme aux yeux d'observateurs rigoureux » (Peebles 2001). Au demeurant, l'échafaudage d'hypothèses, sans aucun fondement observationnel, mène à des versions inflationnaires hautement spéculatives et particulièrement contestables : inflation chaotique, autoreproduction d'univers, univers multiples, univers parallèles, univers-bulles et inflation éternelle, créations d'univers en laboratoire, création d'univers par un physicien pirate (physicist-hacker) et autres extravagances, à des années-lumière de la nécessaire rigueur scientifique ! Rien ne limite plus l'imagination débridée puisque tout lien expérimental avec la réalité est rompu !

Pour échapper aux diverses difficultés du Big Bang, les cosmologistes les ont reportées sur un autre concept, l'inflation, encore plus hypothétique et contestable. En réalité, c'est tomber de Charybde en Scylla.

La cause de l'inflation, qui a commencé lorsque 3 des 4 interactions fondamentales se sont dissociées, demeure inconnue. Le départ puis l'arrêt de l'inflation ne sont pas justifiés sinon par de nouvelles hypothèses. L'existence de la constante cosmologique ^, rejetée par Einstein, nécessaire au modèle inflationnaire, demeure, à l'heure actuelle, une pure hypothèse qui aboutit à des difficultés insurmontables avec la réalité physique, avec une valeur rédhibitoire, entre 60 et 120 fois supérieure à la valeur déduite des observations cosmologiques

Un autre argument majeur, qui entraîne le rejet des théories inflationnaires, est leur capacité à s'adapter à toutes les conditions initiales possibles et que James Peebles, cosmologiste réputé, partisan du Big Bang 'par défaut », n'a pas manqué de relever : « C'est une théorie (l'inflation) qui peut être ajustée pour produire les structures que nous voyons à partir de toutes les conditions initiales possibles. En ce sens, ce n'est pas vraiment une théorie, mais une histoire « sur mesure » puisqu'elle convient dans tous les cas. Il suffit de changer quelques paramètres » (Dossier trimestriel N° 35- Mai 2009 - La Recherche – page 8).

Le concept d'inflation, hautement spéculatif, est totalement étranger au modèle temporaliste qui rejette tous les concepts spéculatifs et invérifiables c'est-à-dire ananthropiques. Le modèle temporaliste est donc indemne de tous les problèmes afférents aux théories inflationnaires

9) L'accélération de l'expansion - L'énergie noire

Le modèle du Big Bang

L'hypothèse de l'accélération de l'expansion entraîne l'hypothèse de l'existence de l'énergie noire. Les preuves de l'accélération de l'expansion de l'univers sont : les supernovae Ia, le comptage des amas de galaxies, l'effet de lentilles gravitationnelles et les preuves de l'existence de l'énergie noire : les supernovae Ia, le fond diffus cosmologique (et ses fluctuations) directement corrélé à la géométrie de l'univers (plate selon Boomerang) puis WMAP 5 et les ondes acoustiques.

Les modèles de la nature de l'énergie noire sont : a) la constante cosmologique^ assimilée à l'énergie du vide, selon les prédictions de la théorie quantique des champs avec les fluctuations quantiques du vide. En théorie quantique des champs, le vide n'est pas le néant, c'est l'état fondamental d'énergie minimale du système des champs quantiques b) la quintessence c) la relativité générale modifiée d) les axions, transformation d'une partie des photons en axions non détectés par les télescopes qui sous-estiment ainsi la luminosité des galaxies, interprétée en accélération de l'expansion L'énergie noire a été introduite dans le modèle de référence du Big Bang, sous la forme de la constante cosmologique ^.

<u>Le modèle temporaliste</u>

On « se sert des supernovae de type Ia pour évaluer l'expansion de l'univers en supposant un mécanisme de formation standard ». Or la formation des supernovae Ia n'a rien de standard (supernova SN2006gz) et cela fausse les mesures des cosmologistes » (Stéphane Fay –Astrophysical Journal Letters, vol. 669 pp.L17-L19.2007)). Plusieurs équipes ont montré que certains modèles sans expansion accélérée pourraient reproduire les observations des supernovae si l'on suppose que nous habitons une région sous-dense de l'univers, une sorte de bulle dont la densité serait plus faible » Jean-Philippe Uzan (Dossiers La Recherche - Mai 2009 – p 91).

L'accélération de l'expansion entraîne l'hypothèse de l'existence de l'énergie noire. Différents modèles en proposent une explication : a) la constante cosmologique ^ introduite par Einstein puis récusée par lui (selon Einstein, la plus grande erreur de sa vie) assimilée à l'énergie du vide. Malheureusement, les prédictions de la théorie quantique des champs aboutissent à une valeur <u>rédhibitoire</u>, entre <u>60 et 120 fois supérieure</u> à la valeur déduite des observations cosmologiques. Cette valeur, déduite de la théorie quantique des champs, incompatible avec les propriétés de l'univers, constitue un <u>problème conceptuel majeur toujours irrésolu</u> b) la quintessence (très appréciée il y a quelques années, abandonnée depuis quelques années en raison de ses nombreux problèmes)   c) la relativité générale, avec des « tenseurs scalaires » ; aucune observation n'a pu valider ce concept qui demeure une pure hypothèse   d) les axions, particules issues d'une transformation d'une certaine partie des photons ; ce modèle est abandonné aujourd'hui. Beaucoup de ces modèles (comme la quintessence) ont des « fonctions libres », qu'on peut ajuster avec celles de la constante cosmologique ^, et qu'il est impossible de réfuter et ne sont donc pas « falsifiables ». Ainsi, aucun des modèles proposés n'est validé. En désespoir de cause, on n'hésite pas à proposer un « modèle anthropique » !

Seuls les modèles d'univers inhomogène et non-isotrope avec la remise en cause du principe cosmologique échappent à la critique. Ils entraînent le rejet de l'accélération de l'expansion et sa conséquence, l'existence de l'énergie noire.

Selon les dernières recherches d' Arman Shafieloo et ses collègues (14 Avril 2009), portant sur des supernovae proches (moins de un milliard d'années-lumière), l'accélération de l'expansion aurait diminué durant les 2,5 derniers milliards d'années, au point de s'inverser récemment. Cela suppose une baisse parallèle de la densité d'énergie noire, ce qui impliquerait l'exclusion de la « constante » cosmologique ^ (http://arxiv.org/abs/0903.5141)

En résumé : les concepts d'expansion, d'accélération de l'expansion et d'énergie noire, avec tous les problèmes qu'ils entraînent, sont des hypothèses étrangères au modèle temporaliste. Ils sont la conséquence directe de l'interprétation spatiale des décalages spectraux des galaxies lointaines L'interprétation temporaliste (c'est-à-dire temporelle) des décalages spectraux échappe à tous ces problèmes en se fondant sur la géométrie d'un univers inhomogène à grande échelle. Selon le modèle temporaliste, l'univers est stationnaire et évolutif. Il ne connaît ni expansion, ni inflation, ni accélération de l'expansion, ni, a fortiori, d'énergie noire.

10) Prédiction théorique de la constante de Hubble Ho - L'âge de l'univers

to

Le modèle du Big Bang

Actuellement, la loi de Hubble est interprétée non comme un mouvement des galaxies dans l'espace mais comme une expansion de l'espace (dans le cadre de la relativité générale et non plus de la relativité restreinte car celle-ci interdit le dépassement de la vitesse de c). La valeur de la constante de Hubble, en 1929, était de l'ordre de 500 km/sec/Mpc, en raison de la mauvaise estimation de la magnitude absolue des céphéides. Les dernières données fournies par WMAP 5 (Table 7 – Cosmological Parameter Summary – 2008) indiquent <u>Ho = 71,9 (+ 2,6 – 2,7) km/s/Mpc et to = 13,69 (+ - 0,13) milliards d'années.</u>

L'âge de l'univers représente la durée écoulée depuis le Big Bang, c'est-à-dire la phase dense et chaude de l'univers.

Si l'accélération de la vitesse de récession des galaxies est constante, elle peut être obtenue par de nombreuses méthodes : les céphéides, les supernovae de type Ia et de type II, l'étude du plan fondamental des galaxies, les décalages des fluctuations de luminosité des images multiples des quasars produites par les effets de lentille gravitationnelle. L'âge to de l'univers vaut to = 1 / Ho si l'univers a une densité de matière très basse, ce que les observations indiquent (univers quasiment plat).

On peut apporter des corrections à loi de Hubble.

La relativité générale puis les équations de Friedmann-Lemaître aboutissent à l'évolution du facteur d'échelle R (t) en fonction du temps t, l'expansion de l'espace impliquant la croissance de R (t).

Le taux d'expansion présent H_0 est aujourd'hui évalué environ 10 fois plus bas (70 km/s/Mpc) soit $1 / H_0 = 14 \, 10^9$ années. Les autres paramètres libres de la théorie (la masse volumique de l'univers et la constante cosmologique ^) commencent à être cernés observationnellement depuis 1998. Ils se compensent pour donner un âge voisin de $1 / H_0$. En 2008, la valeur de to dans le modèle de "concordance" est estimée entre 13,7 et 13,8 milliards d'années.

<u>Le modèle temporaliste</u>

Les dernières estimations de la valeur de la constante de Hubble Ho et de l'âge de l'univers to citées ci-dessus sont le résultat de 80 années de recherches observationnelles et d'approximations successives. Au fil de ces décennies, on est passé de 625 Km/sec/Mpc pour Ho à 71,9 Km/sec/Mpc (+ 2,6 − 2,7) et de to, de 1,6 milliards d'années à 13,69 (+ - 0,13) milliards d'années. L'auteur a établi, dans son modèle temporaliste, de façon strictement théorique, en 1962, la valeur de la constante de Hubble Ho à 67,71 Km/sec/Mpc et celle de to (qu'il a intitulé « constante temporaliste To » à 4,5546 10.17 sec soit environ 14,43 milliards d'années.

Nous avons comparé, au Chapitres VII et VIII la valeur observationnelle et la valeur théorique de Ho : 69,2 Km/sec/Mpc (71,9 − 2,7) pour la première et 67,71 Km/sec/Mpc pour la seconde, soit un écart de 2,16 %. Cet écart est négligeable si l'on considère la marge d'incertitude des données de WMAP 5 : de 3,2 % (+2,6) à 3,75 % (-2,7). La valeur de la constante Ho, établie théoriquement et proposée par l'auteur est plus précise car elle est fondée sur la précision des constantes universelles et quantiques qu'il utilise (c, G, h, e).

En conclusion, le modèle temporaliste récuse l'interprétation de l'origine des décalages spectraux en expansion de l'espace et interprète les redshifts (allongement des longueurs d'onde des photons) en phénomènes physiques dus à l'existence de la constante temporaliste To d'une valeur de 4,5546 10^{17} sec. Les décalages spectraux n'ont pas une signification spatiale (expansion de l'espace de la théorie du Big Bang) mais une signification temporelle (influence temporelle de la constante temporaliste To sur la longueur d'onde - ou l'énergie - des photons lors de leur déplacement). En d'autres termes, les décalages spectraux ont une origine du genre temps et non du genre espace. Les décalages spectraux découlent de la nature des photons qui sont affectés, lors de leur translation dans l'espace, par l'existence de la « constante temporaliste » To d'une valeur de 4,554610.17 sec. Cette modification de l'énergie du photon n'a aucune relation avec le concept de « lumière fatiguée » ou d'interaction avec d'autres particules physiques (comme l'effet Compton par exemple).

Si l'univers a une très basse densité de matière, ce qui est le cas, l' « âge » de l'univers est égal à 1/Ho soit To = 1 / 2,243 10^{18} sec = 4,458 10^{17} sec. soit environ 14,12 milliards d'années. Les écarts avec les valeurs obtenues par l'auteur sont, comme pour les valeurs de Ho, de l'ordre de 2,15 % (Ho = 67,71 Km/sec/Mpc et To = 4,5546 10^{17} sec), c'est-à-dire dans la fourchette des incertitudes.

La valeur de la constante de Hubble Ho établie théoriquement par l'auteur en 1962, ainsi que celle de To, la constante temporaliste (1/Ho) n'est pas une hypothèse nouvelle mais la conséquence directe de l'interprétation temporaliste (c'est-à-dire temporelle) des décalages spectraux des galaxies lointaines. En réalité, la constante temporaliste To, en théorie temporaliste, n'est pas l'âge de l'univers mais une constante temporelle, c'est-à-dire la durée d'un phénomène, la perte d'énergie des photons, au cours de leur translation (Voir Chapitre III – Concepts anthropiques et ananthropiques - b) Le concept physique de temps).

11) L'évolution des galaxies - Les grandes structures de l'univers

Le modèle du Big Bang

La plupart des scénarios de formation des galaxies et des grandes structures privilégient actuellement le modèle hiérarchique, dans lequel les structures se forment par fusions successives de sous-systèmes.

Il existe néanmoins des doutes sur le scénario de la formation hiérarchique des galaxies depuis le Big Bang. – Selon les statistiques établies sur les galaxies, celles-ci ne diffèrent véritablement que par leur masse. L'accrétion de gaz serait le facteur principal de croissance des galaxies (Pour la Science – N° 374 – Décembre 2008 p 9) Selon un nouveau scénario de formation des galaxies (contrairement au modèle standard par collisions de galaxies) celles-ci se formeraient à partir de courants de gaz froid (Nature 2009 - Pour La Science Mars 2009 – N° 377 p 11).

Selon le modèle du Big Bang, que représentent les fluctuations dans le fond cosmologique ? Elles sont en fait les vestiges des fluctuations qui ont donné naissance aux galaxies et aux grandes structures. La recombinaison de la matière a lieu environ 380.000 ans après le Big Bang. Selon WMAP5, le modèle de concordance indique que : l'âge de l'univers est de 13,7 M.A. ; celui-ci est composé d'environ 70 % d'énergie noire, de 30 % de matière dont 5 % de matière ordinaire (baryonique) et 25 % de matière noire. Le modèle qui correspond le mieux aux observations est le modèle de la matière froide ou ^CDM (^Cold Dark Matter).

Grâce à la loi d'expansion de Hubble, les distances sont bien déterminées pour les galaxies assez éloignées.

Les simulations de la formation des structures dans un univers de matière noire ^CDM, confrontées aux observations, entraînent trois problèmes qu'on n'a pas réussi à résoudre : 1) la distribution radiale de masse noire dans les galaxies ne correspond pas à celle qui est déduite de la courbe de rotation des galaxies ; la solution éventuelle : 1) changer la loi de dynamique newtonienne, à faible accélération (Milgrom 1984) ; 2) « A l'équilibre, les disques de galaxies spirales dans les simulations sont dix fois trop petits par rapport aux observations » ; 3) «le modèle ^CDM prédit que toute galaxie spirale comme la Voie Lactée devrait être entourée d'au moins 400 satellites, ou 400 petites galaxies naines » Selon les observations, il n'y a, au plus, qu' une douzaine de compagnons nains. Quelles sont les solutions ? » (Grandes structures de l'univers - Françoise Combes – Astronomie, Mai 2005)

<u>Le modèle temporaliste</u>

Le modèle de création et d'évolution des galaxies et des grandes structures dans le modèle du Big Bang pose de très nombreux problèmes : que se passe-t-il avant le temps de Planck (10^{-43} seconde) ? Quel est le processus de création de la matière ? A partir du néant ? Comment ? Quelle est la cause du Big Bang ? Le décalage spectral des galaxies éloignées, mis en évidence par Hubble, sur lequel repose le modèle standard de la cosmologie implique une singularité avec des paramètres de température, de densité et d'énergie de valeur considérable. Cette singularité ne peut être intégrée à la physique actuelle, les équations tant de la Relativité générale que de la théorie quantique des champs devenant incapables d'être utilisées, en raison de l'apparition de nombreux termes infinis (voir L'origine du Big Bang – Chapitre VIII).

« Pourquoi trouve-t-on quelques galaxies spirales, structures très évoluées, quelques milliards d'années après le Big .Bang. (Françoise Combes) ? »

« La théorie dit que les galaxies elliptiques ne peuvent être formées qu'assez récemment. Mais l'observation montre des galaxies elliptiques déjà anciennes. Où est l'erreur ? » (James Peebles – Le Big Bang – La Recherche N° 35 – Trimestriel Mai 2009 p. 9)

Les fluctuations d'énergie survenues quelques milliers d'années après le Big Bang, dont seraient issues les galaxies, sous l'action de la gravité, sont insuffisantes pour justifier l'évolution des grandes structures. Selon Tegmark (2004), si les anisotropies du fond cosmologique sont tout à fait conformes à petite et moyenne échelle, elles ne le sont pas du tout à grande échelle. La façon dont se développent les structures dépend de l'origine des fluctuations primordiales et de la nature de la matière noire.

En 2004, Brigitte Rocca a mis en évidence l'existence de galaxies massives très jeunes (distances > 12 M.A.L.), en contradiction avec le modèle de croissance hiérarchique (Dossier La Recherche 393 – Janvier 2006)

Le modèle temporaliste, a contrario, propose une explication simple de la structure de l'univers et de la raison de l'existence des filaments et des grands vides. Dans le modèle temporaliste, la gravitation a une portée finie, concrétisée par le concept de rayon de gravitation $r = m^{1/2}$ (r = rayon, m = masse). Dans les filaments, l'influence gravitationnelle des galaxies et des amas de galaxies s'exerce longitudinalement car les masses sont relativement proches et donc au-dessous du seuil des rayons de gravitation. Si nous prenons l'exemple d'un amas de galaxies riche (3.000 galaxies) dont la masse moyenne est d'environ $1.10.49$ g, son rayon de gravitation est de $1.10.49^{1/2} = 3.10.24$ cm. Il peut donc exercer une influence gravitationnelle sur les galaxies et amas de galaxies dont la distance moyenne est de 1 Mpc ($3.10.24$ cm) – (Voir Chapitre XII – La gravitation temporaliste - Masses et rayon de gravitation), ceci tout au long des filaments.

Les grands vides (vide de Rudnick de 1.10^{27} cm) ainsi que les différentes structures inhomogènes existantes remettent gravement en question le modèle standard de la cosmologie, fondé sur le principe cosmologique, qui attribue à l'univers une structure homogène et isotrope. Le modèle du Big Bang, avec l'expansion de l'univers, constate cette structure répétitive et irrégulière des grandes masses de l'univers et surtout de ces vides énormes allant d'environ 1.10^{26} cm à 1.10^{27} cm. Le modèle standard est incapable d'expliquer les causes de l'existence de ces vastes vides dont la probabilité est infime (5×10^{-10}). . L'importance des masses nécessaires à une influence gravitationnelle des galaxies et amas de galaxies sur les grands vides et la rareté de telles concentrations de galaxies expliquent l'existence de ces vides qui est une des graves contradictions au modèle du Big Bang.

Dans le modèle temporaliste, l'évolution des galaxies et les grandes structures de l'univers n'ont pas de contraintes : pas de galaxies primordiales ; aucune priorité temporelle pour les galaxies elliptiques ou spirales; aucun besoin de fluctuations plus ou moins importantes du fond diffus cosmologique à l'origine des petites et grandes structures; proposition de la structure de l'univers en filaments, amas et superamas de galaxies, poussières, grands murs et grands vides, en raison des rayons de gravitation à portée finie des masses, quui découlent directement de la gravitation temporaliste. Nous allons examiner au paragraphe suivant le problème de la masse noire dont l'existence dans les grandes structures de l'univers joue un rôle fondamental.

12) La masse noire – L'effet PIONEER – La théorie MOND - L'effet CASIMIR

La masse noire

Le modèle du Big Bang

La masse noire (ou matière manquante) est estimée à environ 90 % de la matière totale. On la décèle aussi bien dans les galaxies que dans les grandes structures de l'univers, amas et superamas de galaxies. De nombreux candidats ont été proposés (MACHOs, neutrinos, WIMPs, étoiles naines brunes, trous noirs supermassifs, etc...) mais, pour l'instant, sa nature demeure inconnue.

Quels sont les caractères connus actuellement de la matière noire ?

1) Le rapport Masse / Luminosité, en fonction de la distance, confirme l'existence d'une masse invisible, non seulement autour des galaxies mais aussi entre elles.

2) La courbe (vitesse) de rotation des galaxies permet de conclure que les étoiles et les autres corps lumineux constituent moins de 10 % de la matière totale d'une galaxie. Les 90 % restants sont composés de masse noire ou sous l'influence d'un phénomène inconnu.

3) La courbe de rotation des galaxies suggère que la masse noire est contenue dans de vastes halos qui entourent les étoiles visibles.

4) Il est impossible de trouver de la masse noire loin des galaxies, dans des halos très étendus, car les forces de marées la disperserait dans tout l'amas dans lequel les galaxies baignent.

5) L'étude des effets de la masse noire par la méthode des lentilles gravitationnelles sur l'amas de galaxies Abell 1689 (distorsion en fonction de la matière et du rayon des galaxies déflectrices) proposée par le physicien Anthony Tyson indique « que la masse noire intervenait pour plus de 90 % dans la matière globale ».

6) La masse noire suit, en grande partie, la matière lumineuse dans sa localisation dans les galaxies, les amas de galaxies et même les grandes structures de quelques dizaines de mégaparsecs.

7) La masse noire suit les irrégularités de la densité de distribution de matière lumineuse dans tout l'univers visible.

8) La masse noire n'existe pas ou n'est pas perceptible dans les grands vides de plusieurs dizaines à plusieurs centaines de mégaparsecs (Richard Schaeffer 2001).

<u>Le modèle temporaliste</u>

Le modèle du Big Bang, en raison de nombreuses observations cosmologiques inexpliquées, formule l'hypothèse de l'existence de la masse noire et recense ses principales cractéristiques éventuelles. Il est, néanmoins, incapable de préciser sa nature (MACHOs, WIMPS, étoiles naines, etc… ?) ni son origine. Le concept de masse noire n'a aucun lien avec celui du Big Bang.

L'existence de la masse noire n'est pas une hypothèse, mais une conséquence incontournable du modèle temporaliste. En effet, selon ce modèle, la matière lumineuse de l'univers, c'est-à-dire tous les photons qui émanent du rayonnement de toutes les sources lumineuses existantes dans l'univers, en se déplaçant, perdent de l'énergie (redshift) , à l'origine du champ d'accélération temporaliste. Ce dernier, constitué de gravitons, est à l'origine du champ universel de gravitation, à portée finie (Voir Chapitre XII – La gravitation temporaliste – Masses et rayon de gravitation).

Les caractéristiques de la masse noire correspondent bien à la descroption qui en est faite plus haut, en particulier les paragraphes 1 : présence autour des galaxies mais aussi entre elles ; 3 : présence dans de vastes halos qui entourent les étoiles visibles ; 4 : impossible de trouver de la masse noire loin des galaxies ; 6 : la masse noire suit en grande partie la matière lumineuse ; 7 : la masse noire suit les irrégularités de la densité de distribution de la matière lumineuse ; 8 : la masse noire n'existe pas ou n'est pas perceptible dans les grands vides. Ce dernier point (8) confirme, a contrario, l'absence de masse noire en l'absence d'étoiles.

En dehors des arguments qualitatifs du modèle temporaliste de la masse noire, une preuve quantitative irrécusable est donnée par la valeur quantitative de la courbe de rotation des galaxies et la valeur de l'accélération de la vitesse des étoiles dans les galaxies, attribuées à l'influence de la masse noire, établie par les observations cosmologiques, qui est bien de l'ordre de la constante de gravitation temporaliste G', c'est-à-dire $6,582 \times 10^{-8}$ cm/sec^2.

De nouvelles observations récentes (Benoit Famaey et ses collègues - Observatoire de Strasbourg - G. Gentile et al. Nature, 461, 627-628, 2009) confirment la corrélation entre la matière lumineuse et la masse noire : « D'étonnantes relations sont alors apparues : d'une galaxie à l'autre, l'intensité de gravité due à la matière noire au rayon caractéristique est identique, et il en va de même pour l'intensité de gravité due à la matière visible à ce même rayon. Que déduit-on de ces relations ? D'abord, que la densité centrale de matière noire et celle de matière visible sont corrélées de façon inverse l'une de l'autre. Une densité centrale de matière visible élevée implique que la densité de matière noire au centre est faible, et inversement.

Ensuite, que le rapport entre les densités de matière visible et de matière noire qui prévaut à l'échelle de l'Univers reste valable à l'intérieur du rayon caractéristique pour toutes les galaxies ».

Ces observations sont cohérentes avec le modèle temporaliste, selon lequel la matière noire a pour origine les sources lumineuses.

L'accélération radiale anormale de Pioneer 10

Depuis plus de 20 ans, un problème intrigue les planétologues et les physiciens : « une accélération légère et inexpliquée vers le soleil des mouvements des engins spatiaux Pioneer 10, Pioneer 11 et Ulysse » (www.geocities. Com/solarstormmonitor/Pioneer.html). Beaucoup d'autres sites sur le Web apportent des informations à ce sujet.

L'accélération anormale a plusieurs caractéristiques :

1) Sa valeur, selon les auteurs, serait de $7,59 \times 10^{-8}$ cm/sec^2 (http ://renshaw.teleinc.com/papers/prl-pi/prl-pi.stm),

$8,74$ (+ou – $1,33$) x 10^{-8} cm/sec^2
(http ://csep10.phys.utk.edu/newsgroups/mond/messages/22.html),

« Environ 10 milliards de fois plus petite que l'accélération que nous ressentons de l'attraction gravitationnelle de la terre « (www.geocities. Com/solarstormmonitor/Pioneer.html
http ://spaceprojects.arc.nasa.gov/Space_Projects/pioneer/PNStat.html).

2) L'ordre de grandeur de cette accélération anormale est $c \times H_o$ (Constante de Hubble).

3) Cette accélération anormale, indépendante de la distance, est constante vis-à-vis de la vitesse de l'engin spatial

4) Cette accélération anormale est radiale.

Le modèle du Big Bang

Le modèle du Big Bang ne propose aucune explication de l'effet Pioneer 10.

Le modèle temporaliste

La description des caractéristiques de l'accélération radiale anormale de Pioneer 10 correspond bien à celle du champ gravifique temporaliste.

Quand les engins spatiaux quittent une trajectoire circulaire ou elliptique pour prendre une trajectoire radiale dirigée hors du système solaire, l'influence radiale du champ universel temporaliste d'accélération apparaît et ralentit la vitesse des engins spatiaux (Pioneer 10, Pioneer 11, Ulysses, Galileo, etc...).

Le champ universel temporaliste d'accélération ne trouble pas les orbites circulaires ou elliptiques des planètes du système solaire mais seulement les trajectoires radiales.

De surcroît, cet effet inexpliqué confirme très précisément la valeur du champ universel temporaliste isotrope d'accélération G', c'est-à-dire $G' = c / T_o$ avec G' constante temporaliste de gravitation, c vitesse de la lumière et T_o constante temporaliste soit $G' = 2,997925 \times 10^{10}$ cm/sec / $4,5546 \times 10^{17}$ sec. = $\underline{6,582 \times 10^{-8} \text{ cm/sec}^2}$.

Les valeurs observationnelles de l'accélération diffèrent légèrement de la valeur de la constante temporaliste de gravitation G' ($7,59 \times 10^{-8}$ cm/sec^2 et $8,74$ $(+-1,33) \times 10^{-8}$ cm/sec^2 pour $6,582 \times 10^{-8}$ cm/sec^2.). Cette légère différence est due à la valeur plus précise de la valeur théorique de la constante temporaliste de gravitation G'.

Une mesure expérimentale valide le modèle temporaliste. En Septembre 1998, le ralentissement de la vitesse de Pioneer 10 avait conduit à un retard sur sa trajectoire prédite d'environ <u>400.000 Km</u>. La trajectoire radiale de Pioneer 10, commencée entre 1973 et 1974 avait ainsi duré pendant environ

24,5 années soit 7,73 x10^8 sec. La décélération pendant cette durée, avec une constante d'accélération de 6,582 x 10^{-8} cm/sec^2 est égale à 6,582 x 10^{-8} cm/sec^2 x 7,73 x 10^8 sec x 7,73 x 10^8 sec = 3,93293 x 10^{10} cm = **393.293 km**.

La théorie MOND

La théorie MOND propose que lorsque l'accélération déduite de la constante newtonienne d'accélération Gn est inférieure à a°, soit Gn < a°, la théorie newtonienne ne s'applique pas, le paramètre a° étant comparable à c x Ho. La théorie MOND est proposée comme une alternative à la matière noire.

Le modèle du Big Bang

Le modèle du Big Bang ne souscrit pas à cette théorie qui élimine le concept de masse noire.

Le modèle temporaliste

Le modèle temporaliste ne nie pas l'existence de la masse noire. Au contraire. Selon le modèle temporaliste où Ho = 1 / To, a° ~ c x Ho = c / To soit 6,582 x 10^{-8} cm/sec^2. Quand l'accélération due à une masse est inférieure à G', le modèle newtonien ne s'applique plus dans la théorie MOND. Dans le modèle temporaliste, la théorie newtonienne ne s'applique plus pour une accélération inférieure à G', comme dans la théorie MOND, mais ceci est dû <u>au rayon de gravitation fini des masses et au champ universel d'accélération temporaliste G'</u>.

L'effet CASIMIR

L'effet Casimir, du nom éponyme de son découvreur, est un effet qui existe entre deux plaques métalliques conductrices parallèles, situées très près l'une de l'autre et qui s'attirent.

Le modèle du Big Bang

Cette force résulterait du concept de vide quantique, qui n'est pas réellement un vide mais qui est le siège de fluctuations qui engendrent des particules virtuelles exerçant sur ces plaques une force de pression attractive.

Le modèle temporaliste

Le modèle temporaliste propose une alternative à l'explication quantique.

Le champ d'accélération isotrope de valeur G'engendré par la perte d'énergie des photons est perturbé par la présence des deux plaques métalliques. Le résultat en est une force d'accélération moindre entre les deux plaques et le rapprochement de celles-ci. Il convient de calculer si, quantitativement, cet effet temporaliste est vérifié.

Résumé de la comparaison entre le modèle du Big Bang et le modèle temporaliste

Modèle du Big Bang

Nombre d'hypothèses ou d'interprétations : 13 (dont 11 hypothèses et 2 interprétations) : 1 – interprétation des décalages spectraux en expansion de l'espace; 2 – interprétation du fond diffus cosmologique en rayonnement fossile – 3 - hypothèse de la nucléosynthèse primordiale ; 4 - la solution du problème de l'horizon par l'hypothèse de l'inflation ; 5 - la solution du problème de la platitude et de la densité critique par l'hypothèse de l'inflation ; 6 - la solution du problème de l'univers homogène et isotrope par l'hypothèse de l'inflation ; 7 – l'hypothèse de l'origine du Big Bang par l'explosion primordiale ; 8 – l'hypothèse de l'inflation et de l'origine de l'espace, du temps, de la matière et de l'énergie ; 9 – l'hypothèse de l'accélération de l'expansion de l'espace et de l'énergie noire ; 10 – l'hypothèse de la constante Ho de Hubble et de l'âge de l'univers To ; 11 – l'hypothèse de l'origine des galaxies et des grandes structures de l'univers à partir des anisotropies du fond diffus cosmologique ; 12 – l'hypothèse de la masse noire ; 13 – l'hypothèse de l'effet Casimir.

Le modèle du Big Bang demeure muet sur l'effet Pioneer 10 et la théorie MOND. Il n'apporte aucune preuve dans ces 13 concepts.

Modèle temporaliste

Nombre d'hypothèses ou d'interprétations : 3 (dont 2 interprétations et une hypothèse) : 1 - interprétation des décalages spectraux en phénomène temporel dû à l'existence de la constante temporaliste To et de la constante temporaliste de gravitation G' ; les concepts 2, 3, 4, 5, 6, 7, 8, 9, 11 du modèle du Big Bang n'existent pas pour le modèle temporaliste – 12 – interprétation du champ d'accélération temporaliste en masse noire.

Le concept 10 (l'hypothèse de la constante Ho de Hubble et de l'âge de l'univers To) découle du concept 1 ; le concept 12 (l'interprétation du champ d'accélération temporaliste en masse noire) est validé par la coïncidence de la valeur de la constante temporaliste G' ($6,582 \times 10^{-8}$ cm/sec^2) et celles de l'accélération radiale anormale de Pioneer 10 et celle de la théorie MOND ; le concept 13, l'effet Casimir, est une conséquence du champ d'accélération temporaliste du concept 1.

De nouvelles observations récentes (Benoit Famaey et ses collègues - Observatoire de Strasbourg - G. Gentile et al. Nature, 461, 627, 2009) confirment la corrélation entre la matière lumineuse et la matière noire : dans les galaxies, « la densité de matière noire et celle de matière visible sont corrélées de façon inverse l'une de l'autre. Une densité centrale de matière visible élevée implique que la densité de matière noire au centre est faible, et inversement ».

Cette observation est cohérente avec le modèle temporaliste. Selon ce modèle, la matière noire a pour origine les sources lumineuses (voir Chapitre X – La matière noire).

Rappelons, par ailleurs, que la constante To, paramètre quantique, se manifeste dans 4 effets quantiques :

1) La charge électrique élémentaire e : h/bar x To

2) Le facteur de proportionnalité de l'effet Josephson : 2 e / h soit 2 e / h x 2µ, et, en fréquence angulaire, 2 To

3) Le facteur de proportionnalité du potentiel de freinage de l'effet photo électrique est égal à 1 / To

4) Dans le modèle temporaliste, la constante de structure fine apparaît comme le rapport entre la charge électrique élémentaire e et le paramètre G' (c / To).

CONCLUSION

L'analyse approfondie des concepts les plus importants du modèle Big Bang ne peut que contraindre un lecteur impartial à une conclusion incontournable : contrairement aux affirmations de ses partisans, le modèle du Big Bang n'apporte aucune preuve de sa pertinence. Une hypothèse (ou une interprétation) ne peut, en aucune façon, être considérée comme une preuve. L'exemple tant vanté des trois piliers du modèle du Big Bang en fournit une démonstration flagrante. Les décalages spectraux sont des faits et non des preuves. L'expansion de l'espace-temps n' est qu'une interprétation et non une preuve. De même, le fond diffus cosmologique, une observation cosmologique, est interprété comme un rayonnement fossile. C'est, là encore, une interprétation et non une preuve. Quant au troisième pilier, la nucléosynthèse primordiale, il s'agit, à nouveau, non d'une preuve, mais d'une hypothèse sur la formation éventuelle des éléments chimiques les plus importants de l'univers. Il en est de même, comme nous l'avons montré, pour les autres concepts cités dans le paragraphe précédent.

Le modèle standard de la cosmologie découle de l'interprétation fausse des décalages spectraux des étoiles éloignées. Partant de prémisses fausses, il était naturel que le modèle du Big Bang, pour se développer, ait été dans l'obligation d'avoir recours à de nombreuses hypothèses, inévitablement inexactes. Ces concepts sont extrêmement criticables et, on peut le dire, très fragiles d'un point de vue scientifique, c'est-à-dire de concepts ananthropiques rigoureux

Les hypothèses invérifiables entraînent d'autres hypothèses encore plus invérifiables (les théories inflationnaires). Les concepts du Big Bang, souvent très spéculatifs et « infalsifiables », suscitent des interrogations et des suspicions, de la part même des partisans du Big Bang (Voir les théories inflationnaires – James Peebles).

Ainsi, le modèle du Big Bang, qui se présente actuellement quasiment comme un dogme, est basé sur 11 hypothèses et 2 interprétations de concepts importants, non validés, et ne présente, strictement, aucune preuve. Il s'agit, en réalité, d'un modèle de type ptoléméen où on amoncèle hypothèses sur hypothèses pour pallier aux difficultés, sans fournir aucune preuve. En général, on occulte les difficultés et les contre-exemples (par exemple, on oublie de préciser que le fond diffus cosmologique avait été prévu par bien d'autres scientifiques, avant la prédiction - entachée d'erreur - de Gamow ou l'impossibilité d'expliquer l'origine de l'explosion primordiale, en raison de sa singularité, etc…) C'est en cela que le modèle du Big Bang constitue une imposture.

L'alternative au modèle du Big Bang, le modèle temporaliste, que nous proposons, est fondée essentiellement sur l'interprétation des décalages spectraux. Alors que le modèle du Big Bang interprète ces derniers comme des phénomènes spatiaux, le modèle temporaliste les considère comme des phénomènes temporels. L'interprétation du modèle temporaliste élimine tous les problèmes des hypothèses et interprétations du modèle du Big Bang que nous citons ci-dessus. Seules deux interprétations du modèle temporaliste, l'interprétation des décalages spectraux en phénomènes temporels et l'interprétation du champ d'accélération temporaliste en matière noire demandent à être validés. Le premier est validé par ses conséquences diverses : prédiction théorique, en 1962, de la valeur de la constante Ho de Hubble vérifiée en 2008 par la NASA et de la constante temporaliste To – Chapitre VIII ; le second l'est par les différentes preuves que nous exposons : corrélation établie entre masses lumineuses et matière noire – Chapitre X ; validation de la gravitation temporaliste par la concordance avec la prédiction théorique de nombreux rayons de gravitation d'étoiles, de galaxies, etc... ; Chapitre XII ; effet Pioneer, effet Casimir, masse noire – Chapitre X, etc ...

Un certain nombre de chercheurs ont adopté le modèle du Big Bang « par défaut », tous les modèles alternatifs ayant été rejetés. Cette attitude ne résout pas le problème. Si les modèles alternatifs sont faux, il ne s'en suit pas nécessairement que le modèle cosmologique standard soit exact. La pertinence affirmée de ce dernier est, en réalité, selon notre analyse, une véritable imposture.

Comme tout chercheur, l'auteur ne peut avoir que le culte des faits. Il propose, contrairement au modèle du Big Bang et à ses pseudo-preuves, un certain nombre de véritables preuves (19), c'est-à-dire validées (et non d'interprétations ou d'hypothèses non validées et souvent « infalsifiables ») : 1) prédiction théorique, en 1962, de la valeur de la constante Ho de Hubble et de la constante temporaliste To ; 2) la masse noire (origine et intensité) ; 3) l'effet Pioneer ; 4) l'alternative à la théorie MOND ; 5) l'effet Casimir ; 6 à 15 (masses et rayon de gravitation ; 15 à 18 (4 constantes quantiques) ; 19 corrélation entre masses lumineuses et matière noire.

Ces preuves ont pour origine des phénomènes appartenant à des domaines physiques très divers, décalages spectraux, constante de Hubble, rayons de gravitation des objets célestes, constantes quantiques, « âge de l'univers », matière noire, etc..., ce qui renforce considérablement la crédibilité du modèle temporaliste.

Notons que, selon le rasoir d'Occam, c'est-à-dire l'économie du modèle, le modèle temporaliste (1 hypothèse, 2 interprétations et 19 preuves) est tout à fait pertinent alors que le modèle du Big Bang ne l'est pas du tout (11 hypothèses et 2 interprétations – aucune preuve).

La comparaison entre le modèle du Big Bang et le modèle temporaliste nous permet d'indiquer les axes de recherche qui nous semblent vains, en raison de la fausseté initiale du modèle standard du Big Bang et de proposer celles qui nous semblent susceptibles d'apporter de nouvelles informations, fécondes, sur les structures et le fonctionnement de notre univers, avec, naturellement, des validations incontestables :

Recherches vaines

1) Les « premières » étoiles et galaxies
2) Les théories inflationnaires
3) La singularité et l'origine Big Bang
4) Les problèmes de l'horizon, de la platitude et de la densité critique
5) L'expansion et son accélération – L'énergie noire
6) La constante cosmologique $\wedge$
7) La nucléosynthèse « primordiale »

Recherches fructueuses

1) Le test fondamental de l'interprétation des décalages spectraux : <u>effet temporel ou effet spatial.</u> Ce test, si on pouvait le réaliser avec des mesures précises, permattrait de trancher, de façon décisive, entre le modèle du Big Bang et le modèle temporaliste
2) Le fond diffus cosmologique
3) Le problème de l'univers homogène et isotrope
4) La constante Ho de Hubble
5) La constante quantique To – L' « âge » de l'univers
6) Les sources lumineuses et la masse noire
7) La gravitation « temporaliste » - Les rayons de gravitation
8) L'horizon « temporaliste »
9) L'effet PIONEER – L'effet CASIMIR

Et bien d'autres voies de recherches innovatrices...

TESTS

Certains faits observationnels ou tests sont susceptibles de trancher, de façon radicale, entre le modèle temporaliste et le modèle du Hot Big Bang.

1) Selon le modèle du Big Bang, l'expansion commence au-delà du Groupe Local de galaxies. Selon le modèle temporaliste, le décalage spectral se

produit dès l'émission du photon. Peut-être serait-il possible, par une analyse statistique des vitesses des étoiles, aux confins de notre Groupe Local, de mettre en évidence le décalage régulier vers le rouge des radiations, selon la distance (ou la durée), en-deçà même des limites du Groupe Local ?

2) Un autre test observationnel peut permettre, s'il est réalisable, de choisir, d'une façon décisive, entre l'univers spatialement stationnaire du modèle temporaliste et l'univers en expansion du modèle du Big Bang. En effet, si nous comparons les spectres des galaxies à, par exemple, 50 ans d'intervalle, deux cas de figure sont possibles. Dans l'univers temporaliste, le spectre des galaxies lointaines stationnaires, situées à 13 - 14 milliards d'années-lumière de nous n'aura pas varié. Par contre, dans un univers en expansion, en 50 ans, les galaxies en expansion à des vitesses relativistes, étant situées plus loin de nous, auront une vitesse et donc un décalage spectral différents de ceux qu'elles avaient 50 ans plus tôt. S'il était possible de mettre en évidence la différence ou l'absence de différence du décalage des longueurs d'onde du spectre des galaxies lointaines, entre deux observations éloignées de 50 ans, ce résultat constituerait un test décisif pour trancher entre le modèle temporaliste stationnaire et le modèle cosmologique en expansion du Big Bang.

3) On peut envisager deux séries de tests du modèle temporaliste, les uns fondés sur l'espace, les autres sur le temps. Dans la première catégorie, le test précédent permettrait de choisir entre un univers temporaliste stationnaire et un univers en expansion. D'autres tests se fondent sur la coordonnée de temps. Ainsi, selon le modèle temporaliste, une radiation se propageant dans l'espace subit un décalage spectral. Ce décalage dû à l'existence de la constante temporaliste To ne dépend pas de l'espace parcouru mais du temps écoulé. On peut donc envisager un test permettant de déceler ce décalage spectral temporel ou temporaliste d'une radiation, en fonction du temps écoulé. Une expérimentation comme le projet Virgo où un rayon laser parcourt un trajet optique de 150 Km pourrait permettre, éventuellement, de confirmer ou d'infirmer le modèle temporaliste. D'autres tests analogues peuvent être imaginés. Selon le modèle temporaliste, un rayon laser réfléchi entre deux miroirs pendant une certaine durée subit un décalage spectral. Selon le modèle spatial du Big Bang, ce rayon ne subirait pas de décalage spectral. On pourrait, éventuellement, utiliser la base lunaire à cet effet. Ce test, si on pouvait le réaliser, avec des mesures précises, permettrait de trancher, de façon décisive, entre le modèle du Big Bang et le modèle temporaliste.

4) Dans le domaine de la gravitation, le modèle temporaliste propose une portée finie des champs de gravitation, en opposition avec les autres théories de la gravitation. Le Chapitre XII (La gravitation temporaliste) énumère une dizaine de cas qui confirment cette proposition. On peut envisager, si la petitesse des effets était mesurable, de vérifier la portée finie du rayon de gravitation dans des expériences comparables à celle des barres de torsion d'Etwöös.

<u>Le modèle temporaliste, comme on le voit, propose bon nombre de tests éventuels de sa réfutabilité, au sens de Popper.</u>

<u>Mots-clés et concepts-clés du modèle temporaliste</u>

Concepts anthropiques et ananthropiques - gravitation temporaliste - la constante To, paramètre quantique, se manifeste dans 4 effets quantiques : 1) la charge électrique élémentaire e : h/bar x To ; 2) le facteur de proportionnalité de l'effet Josephson : 2 e / h soit 2 e / h x 2µ, ou, en fréquence angulaire, 2 To ; 3) le facteur de proportionnalité du potentiel de freinage de l'effet photo-électrique est égal à 1 / To ; 4) la constante de structure fine apparaît comme le rapport entre la charge électrique élémentaire e et le paramètre G' (c / To) - constante de gravitation temporaliste G' = 6,582 10^{-8} cm/sec^2 = accélération du champ gravifique = accélération de la matière noire ; horizon temporaliste ou To = 4,5546 10^{17} sec (environ 14,43 milliards d'années); constante de Hubble Ho = 67,71 km/sec/Mpc (ces deux derniers concepts ont été établis théoriquement en 1962) ; matière noire ; effet PIONEER ; théorie MOND ; effet CASIMIR – rayon de gravitation : r = m ½ ; modèle probabiliste ananthropique de l'univers ; décalages spectraux ; fond diffus cosmologique ; évolution des galaxies ; tests du modèle temporaliste.

AUTRES RECHERCHES DE L'AUTEUR

UN MODELE PROBABILISTE DE L'UNIVERS :
www.site.voila.fr/probability

UN MODELE PROBABILISTE DE L'EVOLUTION BIOLOGIQUE :
www.site.voila.fr/dinosaurs

UN UNIVERS SANS BIG BANG :

www.site.voila.fr/nobigbang

HUITIEME PARTIE

Calculs : Chapitre XV

Chapitre VII : page 61

Prédiction théorique de la constante Ho de Hubble

Chapitre VIII : page 70

Les décalages spectraux

Dans le modèle de l'expansion, le décalage de longueur d'onde z aux vitesses non relativistes par effet cosmologique radial est donné par la formule $z = vr/c$. c est une vitesse dans le vide que ne peut dépasser aucune vitesse physique. vr est la vitesse radiale. c est une constante limitative. Dans le modèle temporaliste, la constante To est, parallèlement, une constante limitative des durées. Le décalage de longueur d'onde aux durées faibles est donné par la formule $z = t / To$.

Pour les vitesses non relativistes, les décalages spectraux sont donnés par la formule : $z = y' - y / y = vr / c$. (Avec z décalage spectral, y' longueur d'onde observée et y longueur d'onde émise, vr vitesse radiale).

Nous n'avons pas tenu compte, dans le calcul du décalage spectral ou de l'"effet de fuite", de la correction relativiste. Or, aux vitesses élevées, ou plus précisément relativistes, c'est-à-dire voisines de celles de la lumière, le décalage spectral et l'"effet de fuite" sont différents, comme on le constate dans le spectre des quasars éloignés. Le décalage de longueur d'onde peut être de l'ordre de plusieurs fois la valeur originelle et l'"effet de fuite" de plusieurs fois c.

Aux vitesses relativistes, la relation relativiste de l'effet cosmologique radial est donnée par la formule :

$y' / y = 1 + vr/c \ / \ (1 - vr^{\wedge 2}/c^{\wedge 2}) \ \frac{1}{2}$

ou $z = y'-y / y = 1 + vr/c \ / \ (1 - vr^{\wedge 2}/c^{\wedge 2}) \ \frac{1}{2} - 1$

La correction relativiste des décalages de longueur d'onde et de la vitesse de récession des galaxies lointaines s'applique dans l'univers en expansion. Cela tient à la vitesse limite de la lumière, postulat accepté dans le modèle de l'univers en expansion de même que dans le modèle temporaliste, et du ralentissement des horloges qui en découle. Toutefois, la correction relativiste ne saurait jouer dans l'univers temporaliste car elle concerne des sources lumineuses en mouvement à des vitesses relativistes. Dans le modèle temporaliste, ce sont les radiations qui varient et les galaxies sont stationnaires. L'"effet de fuite" est ici un effet apparent et ne correspond pas à un effet cosmologique aux vitesses relativistes. Le décalage relativiste, aux grandes distances, ou aux grandes durées, demeure néanmoins un fait expérimental. Qui ne peut s'expliquer dans le modèle temporaliste par un effet relativiste puisque les sources lumineuses sont stationnaires. Comment peut-on dès lors l'interpréter dans le modèle temporaliste ?

Dans le modèle temporaliste, les vitesses sont remplacées par les temps et nous obtenons :

$y' / y = 1 + to / To / (1 - t^{\wedge 2} / To^{\wedge 2}) \ \frac{1}{2}$

ou $z = y'-y / y = 1 + to / To \ / \ (1 - to^{\wedge 2} / To^{\wedge 2}) \ \frac{1}{2} - 1$

avec y la longueur d'onde émise et y ' la longueur d'onde du rayonnement reçu.

Selon le modèle temporaliste, le décalage spectral est dû ainsi à l'existence et l'influence de la constante quantique temporaliste To = 4,55465 x 10^17 sec (voir Chapitre XI – le ratio c / G). La "pseudo-vitesse de récession" des galaxies est seulement un "effet de fuite" interprété comme un effet cosmologique. La constante temporaliste To en donne la valeur théorique qui est précisément celle qui est mesurée dans les observations des décalages spectraux des galaxies éloignées.

On peut ainsi calculer la "pseudo-vitesse de récession" des galaxies à une distance de 1 Mpc, selon l'équation :

$v = Ho \times d = 2,997925 \times 10^{10}$ cm/sec $\times 10,287 \times 10^{13}$ sec / $4,55465 \times 10^{17}$ sec. $= 6,771 \times 10^{6}$ cm/sec $= 67,71$ Km/sec/Mpc.

Estimée par Hubble, en 1929, à environ 500 Km/sec/Mpc (avec un âge de l'univers de 2 milliards d'années), la "pseudo-vitesse de récession" des galaxies converge aujourd'hui (après des décennies et plus de 153.000 observations de décalages spectraux par la NASA) vers la valeur de <u>67,71 Km/sec/Mpc établie théoriquement en 1962 par l'auteur. Cette valeur théorique de Ho a été obtenue par des considérations purement physiques, indépendamment de toute donnée astronomique</u>, ce qui consolide sa validité (Voir Chapitre VIII).

Les décalages temporalistes aux durées temporalistes sont similaires aux décalages relativistes aux vitesses relativistes. La différence essentielle entre le décalage relativiste et le décalage temporaliste des longueurs d'onde provient de l'origine du décalage. D'un côté, un facteur extérieur à la radiation, l'expansion de l'espace-temps, de l'autre, l'effet temporaliste quantique interne à la radiation.

L'explication nouvelle du décalage spectral z des galaxies lointaines proposée par le modèle temporaliste a naturellement des implications cosmologiques considérables.

On peut illustrer le décalage spectral z ou effet temporaliste ou "effet de fuite" des galaxies en fonction de leur distance à l'observateur (ou du temps de parcours de la radiation) :

$z = vr/c$ (dans l'effet cosmologique) $= t / To$ (dans l'effet temporaliste) avec t = durée de translation du photon (ou distance / c) et To constante temporaliste. Dans l'effet cosmologique, la vitesse de récession vaut $vr = z \times c$. Pour un décalage spectral de 200 angströms d'une radiation de 4000 angströms, on obtient : $200 / 4000 \times 2,997925 \; 10^{8}$ m/sec $= 1,4989 \; 10^{7}$ m/sec $= 14.989$ Km/sec.

Pour 1 seconde : 2,997925 10^8 m/sec x 1 sec / 4,5546 10^17 sec = 6,582 10^-10 m/sec = 6,582 10^-8 cm/sec.

Pour une durée correspondant à une distance de 1 Mpc : 2,997925 10^8 m/sec x 10,287 10^13 sec / 4,5546 10^17 sec = 6,771 10^4 m/sec = 67,71 Km/sec.

Dans le modèle temporaliste, t = z x To = 200 / 4000 x 4,5546 10^17 sec = 2,2773 10^16 sec et l'effet de fuite vr = c x t / To = 2,997925 10^8 m/sec x 2,2773 10^16 sec / 4,5546 10^17 sec = 1,4989 10^7 m/sec = 14.989 Km/sec.

Si on applique à la loi de Hubble v (vitesse en Km/sec) = Ho (en Km/sec/Mpc) x d (distance en Mpc) l'effet de fuite pour 1 Mpc, nous obtenons Ho = v / d = 67,71 Km/sec / 3,084 10^19 Km (10,287 10^13 sec x 2,997925 10^5 Km/sec) = 2,195 10^-18 sec soit 1 / 4,5546 10^17 sec

La constante To correspondant à une durée limite comme c à une vitesse limite, aux longues durées, le décalage doit être donné par une formule différente de z = t / To. La constante temporaliste jouant vis-à-vis du temps le même rôle de butoir que la constante c vis-à-vis de la vitesse, le décalage de longueur d'onde aux durées temporalistes (s'approchant de 4,55456 x 10^17 sec) est donc donné par une formule similaire à celle de la relativité, les vitesses étant remplacées par les temps :

Interprété comme un effet cosmologique, le décalage spectral est considéré comme une récession des galaxies dont la valeur dépend de la constante de Hubble Ho selon l'équation : v = Ho x d   (1)

Avec v vitesse de récession, Ho constante de Hubble et d distance de la galaxie.

Nous avons vu, un peu plus haut, que le décalage spectral dans l'effet cosmologique z = vr / c est interprété dans le modèle temporaliste par z = t / To avec z décalage spectral, vr vitesse radiale, c vitesse de la lumière, t durée de translation du photon (ou distance / c) et To constante temporaliste d'où nous tirons :

z = vr / c = t / To et vr = ct / To (2)

Si nous appliquons l'équation (2) à l'équation (1), on obtient :

vr = Ho x d = ct / To et comme d = ct, on obtient vr = Ho x ct = ct / To

D'où l'on tire :

$H_o = 1 / T_o = 1 / 4,55465 \times 10^{17}$ sec

Selon le modèle temporaliste, l'existence de la constante temporaliste To se manifeste, dès l'émission du photon, par un rougissement de sa longueur d'onde, sans intervention extérieure. Le modèle temporaliste ne nécessite pas, ainsi, pour l'explication du décalage spectral des galaxies éloignées, les différents modèles cosmologiques d'expansion de l'univers (FLRW).

Le décalage spectral des galaxies lointaines, interprété, dans le modèle du Big Bang, en effet cosmologique dû à l'expansion de l'espace-temps, est également nié par le modèle temporaliste. L'effet cosmologique z = vr / c est interprété dans le modèle temporaliste par z = t / To avec z décalage spectral, vr pseudo-vitesse radiale, c vitesse de la lumière, t durée de translation du photon (ou distance / c) et To constante temporaliste.

Alors que dans le modèle du Big Bang, l'expansion ne commence qu'au-delà du système local de galaxies, dans le modèle temporaliste, le décalage spectral (ou effet de fuite) se produit dès l'émission d'un photon.

Si on applique à la loi de Hubble v (vitesse en Km/sec) = Ho (en Km/sec/Mpc) x d (distance en Mpc) l'effet de fuite pour 1 Mpc, nous obtenons Ho = v / d = 67,71 Km/sec / 3,084 1019 Km (10,287 10.13 sec x 2,997925 10^5 Km/sec) = 2,195 10^{-18} sec soit 1 / 4,5546 10^{17} sec.

La valeur de l'effet temporaliste ou "effet de fuite" à 1 Mpc = 67,71 Km/sec et celle de Ho = 1 / 4,5546 10^{17} sec (environ 14,43 milliards d'années) ont été établies <u>théoriquement par l'auteur en 1962.</u> Les dernières données fournies par WMAP 5 (Table 7 – Cosmological Parameter Summary – 2008) indiquent Ho = 71,9 (+ 2,6 – 2,7) km/s/Mpc et to = 13,69 (+ - 0,13) milliards d'années

Comparons la valeur observationnelle et la valeur théorique de Ho : 69,2 Km/sec/Mpc (71,9 – 2,7) pour la première et 67,71 Km/sec/Mpc pour la seconde, soit un écart de 2,16 %. Cet écart est négligeable si l'on considère la marge d'incertitude des données de WMAP 5 : de 3,2 % (+2,6) à 3,75 % (-2,7). Ajoutons que la valeur de Ho fournie par WMAP 5 intervient après 80 années de recherches et de rectifications dont 69,2 Km/sec/Mpc est la mouture la plus récente mais sûrement pas la dernière alors que la <u>valeur théorique proposée par l'auteur dès 1962 n'a plus jamais bougé</u>

Le modèle temporaliste - Le concept de temps et la constante To – L'hypothèse temporaliste – A la recherche de la constante To - Le ratio c / G – G' constante quantique: 4 effets quantiques

En mécanique newtonienne, on obtient, dans le système cgs : To = c / G soit 2,99792 x 10^10 cm/sec / 6,67 x 10^-8 cm^3/gm-sec^2 = 4,494 x 10^17 sec gm/cm^2. (1)

La valeur de To serait de 4,494 x 10^17 sec si le ratio gm/cm^2 était approximativement égal à l'unité.

Ou

To = (c / G) (An / Mn)

Où

c = 2,99792 x 10 ^ 10 cm/sec

G = 6,67 x 10 ^ - 8 cm^3/gm-sec^2

Mn = 1,67 x 10 ^ -24 gm (masse du neutron ou du proton)

An = environ 1,67 barn = 1,67 x 10 ^ - 24 cm ^ 2 (Section efficace de diffusion du neutron ou du proton)

La valeur de To serait de 4,494 x 10^17 sec si le ratio An / Mn (cm^2 / gm) était approximativement égal à l'unité.

L'interaction gravitationnelle concerne l'influence des masses (et de l'énergie) sur les autres masses ou sur le champ métrique. Elle se situe au niveau des particules et plus précisément au niveau des atomes et des molécules (protons, neutrons, électrons). Elle ne se situe pas au niveau subatomique des forces nucléaires fortes (quarks et gluons) et ne concerne donc pas la Chromodynamique Quantique.

La gravitation, interaction entre les masse (et l'énergie) concerne, ainsi, en dernière analyse, les nucléons (protons et neutrons) dont sont constitués les atomes, et, au-delà, les masses astronomiques (planètes et satellites, étoiles, galaxies, etc...).

L'hydrogène et l'hélium sont les éléments les plus abondants de l'univers :

Dans le soleil, l'hydrogène représente approximativement 94 % en nombre d'atomes et 73 % en matière et l'hélium respectivement 5,9 % et 25 %.

Dans l'univers, l'hydrogène représente approximativement 85 % en nombre d'atomes et 66 % en matière et l'hélium respectivement 13 % et 31 %.

La section efficace des nucléons (protons et neutrons) est ainsi fondamentale dans le phénomène gravitationnel.

Le barn 10^{-24} cm^2 a la dimension d'une très petite surface. C'est l'ordre de grandeur de la section efficace d'un large noyau d'atome. La section efficace n'a rien à voir avec les "propriétés géométriques" des noyaux et n'a pas de relation particulière avec leur dimension. Elle est reliée à l'énergie des particules incidentes. En général, plus l'énergie est faible, plus la section efficace est grande. N'oublions pas que, selon la mécanique quantique, la diffusion des particules est une conséquence des interactions d'ondes avec d'autres ondes.

Les sections efficaces de réactions du proton et du neutron sont très semblables, une fois déduits les effets de la charge électrique du proton.

La limite de la section efficace de diffusion cohérente du neutron par l'isotope 1H (dont l'abondance est de 99,985 %) est 1,7583 barn. Pour l'isotope 4He (dont l'abondance est de 99,99986 %), elle est de 1,34 barn. (NIST Center for Neutron Research - http://www.ncnr.nist.gov/resources/n-lenghts/list.html).

La section efficace de diffusion cohérente du neutron par l'isotope 1H, pour une longueur d'onde de 1 angstrom de 1,76 barn est confirmée dans le site (http://www.11b.cea.fr/pedagogie/absortrayonsx/absortrayonsx.html).

Une expérience effectuée par une équipe du GSI (Darmstadt, Allemagne) sur des cibles de deutérium et d'hydrogène à des énergies incidentes de 800 Mev à 1 Gev par nucléon, de projectiles d'or, d'uranium et de plomb ont permis d'obtenir une section efficace totale de 1765 mb (1,765 barn) avec une précision de moins de 5 %, " qui est en accord avec les mesures d'autres équipes ". (http://www.google.fr/search?q=cache:bhNWEprIfqoC:wwwcenbg.in2p3.fr/extra/Noy-ex...)

Une autre expérience menée au GSI (Darmstadt, Allemagne) d'interaction sur une cible d'un halo de protons de 8B donne une section efficace d'environ 1,5 barn avec une énergie incidente de 20 Mev/nucléon (http://wwwcenbg.in2p3.fr/extra/Noy-exotique/7Be.html).

On peut estimer que la section efficace moyenne des nucléons est égale ou proche de 1,7 barn. Le ratio masse / section efficace du proton et du neutron est ainsi approximativement égal à l'unité : $1,67 \times 10^{-24}$ gm/$1,7 \times 10^{-24}$ cm^2 ~ 1 ou gm/cm^2 ~ 1.

Dans le modèle temporaliste, l'équation (1) devient c / G = To soit $2,99792 \times 10^{10}$ cm/sec / $6,67 \times 10^{-8}$ cm^3/gm-sec^2 = $4,494 \times 10^{17}$ sec gm/cm^2 et avec gm/cm^2 ~ 1, c / G = To = $4,494 \times 10^{17}$ sec. soit approximativement 14,24 milliards d'années.

La constante de gravitation de Newton $6,67 \times 10^{-8}$ cm^3/gm-sec^2 est ainsi interprétée avec gm/cm^2 ~ 1, dans le modèle temporaliste, en constante temporaliste de gravitation G':

G' = $6,67 \times 10^{-8}$ cm/sec^2 (2)

L'équation (1) c / G devient, dans le modèle temporaliste :

c / G' = To soit $2,99792 \times 10^{10}$ cm/sec / $6,67 \times 10^{-8}$ cm/sec^2 = $4,494 \times 10^{17}$ sec soit approximativement 14,24 milliards d'années.

La physique quantique nous enseigne que les différents noyaux atomiques ont une énergie de liaison (packing-fraction d'Aston) plus ou moins importante et, de ce fait, un défaut de masse. L'énergie de liaison, par nucléon, pour les noyaux formés de 30 à 120 nucléons vaut plus de 8.5 Mev. Elle vaut environ 9 Mev pour les noyaux ayant un nombre de masse voisin de 56 (Fe). Il faut donc rectifier la valeur "macroscopique" de G' par rapport aux masses des particules quantiques sans énergie de liaison nucléaire, électrons, nucléons, etc. En première approximation, la valeur " quantique " de G' vaut ainsi $6,60 \times 10^{-8}$ cm/sec^2 et To = $4,5423 \times 10^{17}$ sec soit approximativment 14,4 milliards d'années.

Nous aurons, par la suite, l'occasion de raffiner encore plus cette valeur de To, en fonction de constantes purement quantiques, plus précises. La valeur de To $4,55465 \; 10^{17}$ sec a été établie par l'auteur en 1962. (Voir Chapitre XI – Le ratio c / G page 110)

Chapitre XI : Quatre effets quantiques page 117

La constante To, constante quantique, se manifeste dans 4 effets quantiques

1) La charge électrique élémentaire e : h/bar x To

2) Le facteur de proportionnalité de l'effet Josephson : 2 e / h soit 2 e / h x 2µ, et, en fréquence angulaire, 2 To

3) Le facteur de proportionnalité du potentiel de freinage de l'effet photo-électrique est égal à 1 / To

4) Dans le modèle temporaliste, la constante de structure fine apparaît comme le rapport entre la charge électrique élémentaire e et la constante G' (c / To) soit e / c x To

La charge électrique élémentaire e

Nous avons indiqué, dans le chapitre XI, que le modèle temporaliste postulait l'existence de la constante To dans la physique du photon. Le décalage spectral des galaxies n'est plus interprété comme un effet cosmologique mais est considéré comme une propriété quantique intrinsèque du photon.

Selon la physique quantique, il n'existe pas de différence essentielle entre le photon et l'électron. L'émission des photons dans les atomes résulte des transitions des niveaux d'énergie des photo-électrons. L'effet photo-électrique illustre le transfert d'énergie des photons incidents aux électrons du métal irradié, avec la disparition des photons incidents. Les particules de matière (électrons) ou d'énergie (photons) apparaissent et disparaissent, les uns au profit des autres, mais les énergies et les impulsions se conservent. Un positon et un électron entrant en collision peuvent s'annihiler et former 2 rayons γ. On peut considérer, en première approximation, le photon comme une particule cinétique d'énergie en translation dans l'espace et l'électron comme une particule correspondante de matière, relativement statique, en rotation. Si cette analyse est correcte, la physique de l'électron, comme celle du photon, doit intégrer la constante quantique temporaliste To. Nous avons vu, au chapitre VIII, comment la physique du photon est affectée par To. Nous allons examiner ici comment la physique de l'électron intègre la constante To.

Dans le modèle standard des particules, une propriété importante des particules est leur spin dont l'unité est h-bar. Ce spin peut être défini comme un moment cinétique intrinsèque des particules. Par ailleurs, une autre propriété quantique importante des particules est leur charge électrique e. La valeur de cette charge est la même pour toutes les "particules élémentaires" libres chargées (alors que les quarks et anti-quarks, dont la charge électrique est fractionnaire, sont confinés) : c'est la charge électrique élémentaire ± e soit 4,8032068 10^{-10} ues cgs ou 1,60218 10^{-19} coulomb dans le S.I. MKSA.

Nous avons vu, dans le chapitre XI, que la constante To peut être considérée, de façon similaire à la constante c, comme une constante quantitative et limitative des phénomènes quantiques. Tout comme c est un paramètre limitatif des vitesses physiques et quantitatif de l'énergie de la matière au repos $E = mc^2$, To ne peut-elle apparaître comme une constante temporaliste limitative et quantitative du mouvement des particules ? En l'occurrence, du moment cinétique intrinsèque des particules, c'est-à-dire de leur spin h-bar ? Dans cette optique, nous pouvons poser l'équation spin total = h bar (spin ou moment cinétique) x To (temps) = h-bar x To (moment cinétique total). En dimensions ML^2T^{-1} x $T = ML^2$ (moment d'inertie). En valeurs numériques cgs : 1,05457266 10^{-27} erg sec x 4,5423 10^{17} sec = 4,790185 10^{-10} erg sec^2. La valeur numérique du moment cinétique ou spin total est étrangement proche de la valeur numérique de e = 4,8032068 10-10 ues cgs. S'agit-il d'une simple coïncidence ? Nous ne le pensons pas. La valeur numérique du spin total h-bar x To, si proche de celle de e, serait vraisemblablement identique si la valeur numérique de G' (6,60 10^{-8} cm/sec^2) avait été établie expérimentalement à partir de mesures quantiques et non macroscopiques (expérience des barres de torsion de Cavendish).

L'hypothèse temporaliste de la constante To, constante quantique, nous amène à proposer que la charge électrique élémentaire e peut donc être considérée comme l'action totale ou le spin total (moment cinétique intrinsèque total) des particules soit e = h-bar x To, soit To =e / h x 2 µ = Dans cette perspective, nous pouvons attribuer à To la valeur numérique définitive "quantique" de e / h x 2 µ = 4,55465 10^{17} sec, soit environ 14,43 milliards d'années, et pour G' la valeur "quantique" c / To = 2,99792 10^{10} / 4,55465 10^{17} = 6,58210 10^{-8} cm/sec^2, très proche de sa valeur macroscopique (6,60 10^{-8}).

Examinons maintenant les problèmes numériques et dimensionnels posés par cette définition temporaliste de la charge électrique élémentaire e.

a) Dans le système cgs ues - Dans le modèle temporaliste, la valeur numérique de e est donnée par e = h-bar x To = 1,05457266 10^{-27} erg sec x 4,55465 10^{17} sec = 4,8032068 10^{-10} erg sec^2. Dans le système cgs ues, e = 4,8032068 10^{-10} ues cgs. La dimension de e est spécifique. Dans le modèle temporaliste, la dimension de e (h-bar x To) est ML^2T^{-1} x $T = ML^2$ (ergs sec^2). C'est la dimension d'un moment d'inertie. La charge électrique e, en modèle temporaliste, n'a pas de dimension spécifique cgs et peut donc être intégrée aux trois dimensions L, M et T. Elle ne nécessite plus l'existence d'une dimension de la charge électrique en ues.

b) Dans le système MKSA - Comparons les valeurs de h et de e dans les systèmes cgs ues et MKSA.

h bar (cgs ues) / h bar(MKSA) = 1,05457266 10^{-27} erg sec / 1,05457266 10^{-34} Joule sec = 10^7

e (cgs ues) / e (MKSA) = 4,8032068 10^{-10} ues / 1,6019 10^{-19} coulomb = 2,99792 10^9

D'où le rapport h bar (cgs) / h bar (MKSA) / le rapport e (cgs ues) / e (MKSA) = 10^7 / 2,99792 10^9 = 1 / 2,99792 10^{-2}

Si nous posons, dans le système MKSA, e = h-bar x To, nous obtenons e = 1,05457266 10^{-34} Joule sec x 4,55465 10^{17} sec = 4,8032068 $^{-17}$ Joule sec², homogène à = 4,8032068 10^{-10} erg sec² mais différent de 1,6019 10^{-19} coulomb. Pour obtenir cette valeur, nous devons tenir compte de l'inhomogénéité des rapports entre h bar dans les systèmes cgs ues et MKSA d'une part et de e dans ces mêmes systèmes, soit e dans le système MKSA = h-bar x To = 1,05457266 10^{-34} Joule sec x 4,55465 10^{17} sec x 1 / 2,99792 10^{-2} = 1,6019 10^{-19} Joule sec². Dans le système MKSA, la dimension temporaliste de e est, comme dans le système cgs ues, définie par e = h-bar x To soit ML^2T^{-1} x T = ML^2 (moment d'inertie). Elle ne nécessite plus l'existence d'une dimension spécifique de e en coulomb (ou ampère).

La dimension temporaliste de e (ML^2) de même que sa valeur numérique se justifiera par sa cohérence dans les phénomènes quantiques. Notons ici que la valeur identique, pour toutes les "particules élémentaires", de la charge électrique élémentaire e, constatée en électrodynamique quantique, mais incompréhensible, s'explique aisément dans le modèle temporaliste. Sa définition (<u>le produit de deux constantes universelles h-bar et To</u>) ne fait pas intervenir les propriétés spécifiques des particules (nombre de masse, énergie, nombre baryonique ou leptonique, etc...). <u>La charge électrique identique de deux particules tout à fait dissemblables, comme le positon et le proton, est ainsi justifiée.</u> La charge fractionnaire des quarks n'est pas opérationnelle puisqu'ils sont confinés. On peut, à ce propos d'ailleurs, invoquer un principe quantique : la conservation du moment cinétique total dans les systèmes quantiques. Il est vraisemblable qu'un principe similaire s'applique à la charge fractionnaire des quarks, la charge électrique élémentaire e apparaissant comme le moment cinétique total des particules.

Notons que la charge électrique élémentaire h-bar x To vaut le double du spin total des fermions comme l'électron (2 x h-bar x To) dont le moment cinétique est égal à h /2. Il est vraisemblable que ceci tient au fait qu'un boson, comme le photon, a un moment cinétique d'une unité h et qu'il peut résulter de la fusion de deux fermions, un électron positif et un électron négatif, de moment cinétique h /2.

La proposition temporaliste de la charge électrique élémentaire e = h-bar x To nous permet de poser <u>e / h - bar = To ou h - bar / e = 1 / To</u>. La constante To, nous mène directement au coeur de la physique quantique, où ce rapport entre e et h apparaît dans l'effet Josephson, l'effet photo-électrique et indirectement dans la constante de structure fine.

L'effet Josephson

L'effet Josephson se manifeste par le passage d'un courant d'électrons entre deux rubans de matériaux supraconducteurs (plomb, aluminium, nobium, etc...) séparés par une barrière isolante. Lorsque ces matériaux supraconducteurs sont portés à très basse température (quelques kelvins), les électrons libres forment des paires de Cooper. La mécanique quantique traduit cet effet en disant que toutes les paires se condensent dans le même état quantique décrit par une seule fonction d'onde macroscopique. L'intensité du courant produit ne dépend que du déphasage entre la fonction d'onde de part et d'autre de la barrière. Elle varie comme le sinus du déphasage, déphasage dont la dérivée par rapport au temps est elle-même proportionnelle à la tension de part et d'autre de la barrière. Le facteur de proportionnalité est proportionnel à e / h. Pour une tension V constante, mesurée aux bornes d'une jonction Josephson, on observe le passage d'un courant sinusoïdal de fréquence v = 2 e / h x V. L'effet Josephson permet de relier, par l'intermédiaire des 2 constantes universelles e et h, la tension à la fréquence. Par convention internationale, la valeur du rapport fréquence / tension proportionnel à 2 e / h a été fixée à 483594 Ghz/V.

Ecrivons l'équation aux dimensions du facteur de proportionnalité 2 e / h : Q/ML^2T^{-1} = coul/joule sec = ues/erg sec ou fréquence / tension = $T^{-1}/ML^2T^{-2}Q^{-1}$ = $1/ML^2T^{-1}Q^{-1}$ = Q/ML^2T^{-1} = coul/joule sec = ues/erg sec d'où v = 2 e / h x V = 2 x coul/joule sec x joule/coulomb = 2 x Q/ML^2T^{-1} x $ML^2T^{-2}Q^{-1}$ = 2 T^{-1}.

En valeurs numériques, le facteur de proportionnalité vaut 2 x 1,60217 10^-19 coul / 6,626075^10-34 joule sec = 2 x 2,41797^10.14 = 4,83594 10^.14 coul/joule sec ou 483594 Ghz/V. Nous pouvons calculer la fréquence angulaire w = 2μ v soit 2μ x 2,41797 10^{14} Hz = 1,519259 10^{15} Hz et le facteur de proportionnalité correspondant 2 x 1,519259 10^{15} Hz/V.

Introduisons maintenant les dimensions et les valeurs numériques du modèle temporaliste, dans le système cgs. L'équation aux dimensions du facteur de proportionnalité 2 e / h = ML^2 / ML^2T^{-1} = T = fréquence / tension = T^{-1} / $ML^2T^{-2}Q^{-1}$ = T^{-1} / T^{-2} = T. En valeurs numériques, 2 e / h x 2μ (en fréquence angulaire) = 2 x h-bar x To / h x 2μ = 2 x To soit 2 x 4,8032068 10^{-10} erg sec^2/6,626075 10^{-27} erg sec x 2μ = 2 x 4,5546 10^{17} sec.

L'interprétation temporaliste, si elle est exacte, doit être cohérente avec l'interprétation quantique de l'effet Josephson. Vérifions-le. Dans le modèle temporaliste, le facteur de proportionnalité 2 e / h a la dimension d'un temps : To = T et, pour valeur 2 x 4,5546 10^{17} sec / 2μ en unités ues cgs. En théorie quantique, le facteur de proportionnalité a la dimension d'une fréquence/volt et pour valeur 2 x 1,51925 10^{15} Hz/V. Nous savons que, dans le S.I. MKSA, le potentiel électrique d'une unité électro-statique vaut 299,792 volts. Il est donc équivalent de donner pour le facteur de proportionnalité la valeur 2 x 1,51925 10^{15} Hz/V ou 2 x 4,5546 10^{17} Hz (1,519259 10^{15} x 299,792) / 299,792 volts (1 ues). En dimensions, le facteur de proportionnalité vaut, comme nous l'avons vu, Hz / V = T^{-1} / $ML^2T^{-2}Q^{-1}$ =T^{-1} / T^{-2} = T, cohérent avec la dimension du facteur de proportionnalité temporaliste To (T).

Le facteur de proportionnalité de l'effet Josephson 2 e / h soit 2 e / h x 2μ, en fréquence angulaire, vaut donc <u>2 To</u>, ce qui indique dans cet effet quantique la présence de la constante temporaliste.

L'effet photo-électrique

Après la découverte de la constante de Planck h, Einstein émit l'hypothèse de la nature corpusculaire du photon et énonça sa fameuse équation de l'effet photo-électrique E cin = hv - W où W est l'énergie d'extraction de l'électron du matériau.

Ultérieurement, les expériences de Millikan ont permis d'établir une relation linéaire entre le potentiel d'arrêt Vo et la fréquence de la lumière incidente Vo = h / e x v - We.

Si l'on trace dans un graphique le potentiel d'arrêt Vo en fonction de la fréquence v, on trouve une ligne droite égale à h / e et, en négligeant le travail d'extraction du matériau, le potentiel de freinage de l'émission photo-électrique sera proportionnel à la constante h / e : Vo = h / e x v ou Vo / v = h / e. Prenons les valeurs numériques : h / e = 6,626075 $^{10-34}$ joule sec / 1,602177 10^{-19} coul = 4,1357 10^{-15} volt sec. L'équation aux dimensions de Vo / v donne $ML^2T^{-2}Q^{-1}$ / T^{-1} = $ML^2T^{-1}Q^{-1}$ = ML^2T^{-1} / Q. Le facteur de proportionnalité du potentiel de freinage est donc de 4,1357 10^{-15} volt sec et le potentiel de freinage Vo = 4,1357 10^{-15} volt sec x v ou, par fréquence angulaire w = 2 µ v = 4,1357 10^{-15} / 2µ x v = 6,582 10^{-16} volt sec x v.

L'effet photo-électrique peut être rapproché de l'effet Josephson. Dans ces deux effets quantiques, un courant électrique est produit. Dans l'effet Josephson, un courant électrique est créé à travers une barrière isolante, sous certaines conditions. Il existe un facteur de proportionnalité entre la fréquence du courant créé et la tension aux bornes de la jonction Josephson. Ce facteur de proportionnalité, en unités cgs, est e / h, c'est-à-dire la constante temporaliste To / 2µ. De façon parallèle, il existe, dans l'effet photo-électrique, un facteur de proportionnalité entre le potentiel d'arrêt du courant électrique créé par les photoélectrons et la fréquence du rayonnement incident. Ce facteur de proportionnalité est h / e, c'est-à-dire, dans le modèle temporaliste, 2 µ / To, l'inverse de la constante temporaliste.

Introduisons les dimensions et les valeurs numériques temporalistes.

L'équation aux dimensions du facteur de proportionnalité du potentiel de freinage donne h / e = tension / fréquence soit h / e = ML^2T^{-1} / ML^2 = T^{-1} ou tension / fréquence = $ML^2T^{-2}Q^{-1}$ / T^{-1} = $ML^2T^{-1}Q^{-1}$ = T^{-1}.

Dans le système cgs, en valeurs numériques, nous obtenons h / e = h / h-bar x To = 2µ / To; en utilisant la fréquence angulaire w = 2µ v, nous obtenons h / h-bar x To 2µ = 1 / To soit 6,626075 10^{-27} erg sec / 4,8032068 10^{-10} erg sec^2 x 6,2832 = 2,1955 10^{-18} sec.

Le modèle temporaliste, pour être exact, doit converger avec l'interprétation quantique de l'effet photo-électrique. L'équation aux dimensions du facteur de proportionnalité du potentiel de freinage est, dans le modèle temporaliste, T^{-1} (1 / To). En théorie quantique, elle est h / e soit $ML^2T^{-1}Q^{-1}$ (volt seconde) soit, traduit en dimensions temporalistes, ML^2 (e) $T^{-1}Q^{-1}$ (-e) = T^{-1}.

En valeurs numériques, dans le modèle temporaliste, 1 / To = 1 / 4,5546 10^{17} sec = 2,1955 10^{-18} sec. En théorie quantique, dans le S.I, h / e = 6,626075 10^{-34} joule sec / 1,602177 10^{-19} coul = 4,1357 10^{-15} volt sec soit par fréquence angulaire, 6,582 10^{-16} volt sec. Introduisons le potentiel en ues soit 299,7925 volts par ues. Le facteur de proportionnalité vaut donc 6,582 10^{-16} volt sec x 1/299,7925 volts = 2,1955 10^{-18} sec.

Nous pouvons vérifier l'adéquation de cette valeur avec le calcul du potentiel de freinage d'une lumière bleue de fréquence de l'ordre de 7 10.14 Hz : $2\mu \times 7 \times 10^{14}$ sec^{-1} × 2,1955 10^{-18} sec × 299,7925 volts = 2,89 volts, ce qui est bien l'ordre de grandeur du potentiel de freinage requis.

Le facteur de proportionnalité du potentiel de freinage de l'effet photoélectrique est égal à $1 / T_o$ et on retrouve dans cet effet quantique la présence de la constante temporaliste ;

La constante de structure fine &

La constante de structure fine est une des constantes fondamentales de la nature. Son rôle en électrodynamique quantique est majeur. Rappelons-en brièvement les caractéristiques essentielles. & est la constante de couplage qui décrit le couplage de n'importe quelle particule élémentaire portant la charge électrique e avec le champ électromagnétique. La constante de structure fine établit le rapport entre l'énergie de couplage électrostatique entre une particule électrique et le champ électrique, d'une part, et son énergie de matière au repos, d'autre part : & = $e^2 / (h/mc) / mc^2 = e^2 / h$ bar × c = 7,2992 10^{-3} = 1 / 137,036, h / mc étant la longueur d'onde de Compton de la particule électrique et mc^2 son énergie de matière au repos.

La constante de structure fine & joue également un rôle important dans les diagrammes de Feynman relatifs aux processus de diffusion électrons-électrons. La contribution de chaque diagramme au taux du processus de diffusion est proportionnel à une certaine puissance du facteur 1 / 137 (de la constante de structure fine &) soit (1 / 137) n, n pouvant être 1, 2, 3, etc...

Si nous considérons la constante de structure fine & dans le cadre du modèle temporaliste, nous aboutissons à des résultats intéressants. Appliquons les constantes temporalistes e = h-bar × T_o et G' = c / T_o. Nous obtenons & = e^2 / h bar × c = e / c × T_o.

1) Dans le système ues cgs - Appliquons les valeurs numériques. En théorie quantique, & = e^2 / h-bar × c = 4,8032068 10^{-10} × 4,8032068 10^{-10} / 1,054572 10^{-27} × 2,997925 10^{10} = $\underline{7,2974\ 10^{-3}}$; dans le modèle temporaliste e / G' = 4,8032068 10^{-10} / 6,582 10^{-8} = $\underline{7,2974\ 10^{-3}}$.

En dimensions - En théorie quantique : e^2 / h c = $ML^3T^{-2}Q^{-2} \times Q^2 / ML^2T^{-1} \times LT^{-1} = ML^3T^{-2} / ML^3T^{-2} = \underline{\text{Nombre sans dimension}}$ (d'où $e^2 = ML^3T^{-2}$).

Dans le modèle temporaliste $e^2 = ML^3T^{-2}$ d'où e / G' = e^2/e / G' = $ML^3T^{-2}/ML^2 / LT^{-2} = LT^{-2} / LT^{-2} = \underline{\text{Nombre sans dimension.}}$

2) Dans le SI MKSA - En valeurs numériques. En théorie quantique : e^2 / hc = 8,987 10^9 (constante K dans le vide pour le S.I.) x 1,602 10^{-19} x 1,602 10^{-19} / 1,054 10^{-34} x 2,997925 10^8 = 2,306 10^{-28} / 3,16 10^{-26} = <u>7,2974 10^{-3}</u>.

Dans le modèle temporaliste : $e / G' = e^2/e / G'$ = 2,306 10^{-28} / 1,602 10^{-19} / 6,582 10-8 = 2,1877.

Compte tenu de l'inhomogénéité des systèmes cgs/MKSA = 2,997925 10^2, e / G' = 2,1877 x 1/299,7925 = <u>7,2974 10^{-3}</u>.

En dimensions - En théorie quantique : $e^2 / hc = ML^3T^{-2} / ML^2T^{-1}$ x LT^{-1} = ML^3T^{-2} / ML^3T^{-2} = <u>Nombre sans dimension.</u>

Dans le modèle temporaliste, $e / G' = e^2/e / G' = ML^3T^{-2} / ML^2 / LT^{-2} = LT^{-2} / LT^{-2}$ = <u>Nombre sans dimension.</u>

Nous constatons que la constante temporaliste To se retrouve dans la définition de la constante de structure fine & puisque & = $e^2 / (h /mc) / mc^2$ = e^2 / hc = e/c x To ou e / G'. & est interprété, en mécanique quantique, comme la constante de couplage des interactions électromagnétiques ou le rapport entre l'énergie électromagnétique et l'énergie de masse au repos de toute particule électrique "élémentaire". Dans le modèle temporaliste, la constante de structure fine apparaît comme le rapport entre la charge électrique élémentaire e et le constant G' (c / To) soit <u>e / c</u>   <u>x To</u>

: